Reginald.

Romantisches Gedicht

in

fünf Gesängen

von

Friedrich von Heyden.

Berlin
gedruckt und verlegt bei G. Reimer
1831.

All my strength and all my art
Is to touch the gentle heart.
I have wandered all the day,
Do not bid me farther stray!
Gentle hearts of gentle kin,
Take the wandering Harper in! —

SIR WALTER SCOTT

(ROKEBY.)

Ein Lied der alten Zeit, — der großen Zeit,
Die lange schon, ein vielgethürmter Bau,
Vom Abendgolde feyerlich umstrahlt,
Im Eichengrün vor meinem Blicke stand,
Mit Riesenbogen zierlichen Gewölbes,
Von schlanken Doppelpfeilern kühn gestützt.
Wohl hundertmal hab' ich das Knie gebeugt
Am stolzen Thore, das zur Halle führt,
Und gab mein Herz der heißen Sehnsucht hin
Nach räthselhaften Mächten, die mein Traum
Im tiefsten Innersten des Domes schuf.
Doch niemals sezt' ich meinen Fuß hinein.

Denn nicht geheiligt fühlt' ich meine Brust
Um frey zu schwellen in dem Heiligen.

Da war es, daß ein holdes Frauenbild,
Halb nonnenhaft halb königlich geschmückt,
Zu mir heraustrat, als ich an der Schwelle,
Schon an mir selbst verzweifelnd, einstens lag,
Das hob mich auf, um an der zarten Hand
Mich in den wunderbaren Bau zu führen.
Und da begab sichs, daß ich, plötzlich frey,
Die Säulen maaß mit hellem Blicke; — mich
Daran erfreute wie sie, Bäumen gleich,
In lichter Höh' sich liebevoll verzweigten.
Des Bildwerks auch, der Schildereyen viel
War mannigfach an Decke, Wand, und Altar,
Hier Heilige, dort Kriegsgestalten zeigend,
Von Glorien, Kränzen, Schnörkeln bunt umgeben,
In sinnig heiterem Gepräng zu schaun.
Die bunten Fenster lehrten die Geschichten
Der tapfern Tage, die vorüber sind.
An leeren Rüstungen auf Heldengräbern
Deckt falber Rost den Silberblick des Stahls.
Noch glänzten Schwerter, während längst die Hände,

Die sie geschwungen, sich gelöst in Staub.
Hoch im Gewölbe wehten Kreuzpaniere.
Der Sarazenen Fahnen, — Siegeszeichen
Aus heil'gen Schlachten, — hingen still dabey.

Die Jungfrau sprach: — „Dem heitern Sänger ist
Ein Väternachlaß die Vergangenheit,
Und schaltet er in alter Ahnen Wohnung,
Dann sizt der Gnom auf kaltem Herde, nicket
Dem lezten Enkel feyerlichen Gruß.
Dieß Haus ist dein auch. — Ich bin Jene, die
Den Heldenzeiten Lieder, Minne gab.
Die Silberlaute, die des Eschenbach,
Des Ofterdingen holde Kunst geweiht,
Die biet' ich dir. — Ermanne Dich und rühre
Die Saiten an, so kehrt das Leben wieder,
Das hier ein Bann nur fesselt, nicht erdrückt."

Die Laute nahm ich, und die Holde schwand.
Die Saiten schlug ich, und ein Strom von Licht
Floß durch den Saal. — Die Fahnen flatterten,
Der Helme Büsche regten sich im Winde,
Hoch schimmerten die Bilder wie verklärt.

Was sie gestaltet zeigten, singt dieß Lied.
Auf einem Leichensteine fing die Schrift,
Kaum kenntlich sonst, nun hell zu leuchten an.
Ich las das Jahr zwölfhundert fünf und dreyßig.
Das ist des zweyten Friedrich große Zeit,
Da sich der Osten und das Abendland
Zu wunderbarem Bund die Hände reichten.

Hört freundlich an den Sang vom Reginald.

Oppeln in Schlesien
am Tage der Verkünd. Mariä 1825.

Reginald.

Romantisches Gedicht

in fünf Gesängen.

Erster Gesang.

I.

Die Lerche schlägt in dämmerhellen Lüften,
Da schweigend noch die weite Gegend ruht.
Des Rheines Stolz, im Silberlicht der Flut,
Kämpft siegend schon mit scheuen Nebeldüften.

Der Mond ist hin. — Der Morgen schimmert auf.
Die grünen Wellen fangen an zu funkeln,
Die Felsenspitzen und die Warten drauf.
Kein Schatten darf das grüne Thal verdunkeln,
Das Licht, — das Licht! — beginnt den Siegeslauf;
Sein Farbenblitz durchzieht des Forstes Bäume.
Die Drossel wacht, rauscht schlagend aus dem Nest. —
Die Nachtigall begeht das Flammenfest
Mit höchsten Wirbeln ihrer Liederträume.
Der Zeisig lockt, und hüpft von Ast zu Ast.
Das Eichhorn wiegt sich auf den Tannenzweigen,
Die nimmer sich von seiner zarten Last,
Doch von der Fülle junger Zapfen neigen.
Der Hirsch entweicht aus Vorholz und Gefild,
Die Hindin tanzt an seiner stolzen Seite.
Die Schnepfen ziehn. — Des Adlers Königsbild
Steigt auf vom Horst, und sucht die Sonnenweite.

Die Wälder nun durchbricht der gold'ne Strahl,
Da dampft empor der Opferduft der Aehren.

Der Landmann eilt zum Tagewerk. Im Thal
Schon brüllt der Stier, und Herden ohne Zahl
Sieht froh der Hirt zur Blumenweide kehren.
Sein voller Hauch erweckt in der Schalmey
Den muntern Ton gewöhnter Morgenlieder;
Das Jägerhorn tönt Antwort wild und frey;
Der Wiederhall giebt ihren Wettstreit wieder.
Der Schiffe Zug bedeckt den hellen Fluß.
Der Fischer watet schon mit nacktem Fuß,
— Ha! — sieh dich vor, du zierliche Forelle; —
Durch feuchtes Gras und durch die kühle Welle.
Der Pilger eilt zum fernen Gnadengruß.

Und weiter wogt des Tages Flammenstrom;
In buntem Schmelz erglänzt das Feld der Reben.
Die Wiese blüht, des Thaues Perlen beben.
Hier Dorf und Au, dort Heerweg, Stadt und Dom.
— Wo laut indeß, von Felsen eingezwängt,
Der Rhein erbraust in hochgeschwellten Fluten,
Da stockt das Licht, da brechen sich die Gluten,
Und funkeln siebenfach, im Raum verengt,
Hier von dem Schloß auf grünem Plan gefangen,
Das Thürme zeigt, die nach den Wolken langen,
Dort eingeschränkt von grauem Burggebäu,
Das in dem Schatten düstrer Linden scheu
Die Zinne birgt, mit trübem Duft umhangen.

Das frohe Licht umwogt das helle Schloß,
Und Sterne drehn sich statt der Wetterfahnen.
Der Schimmer wächst, den Eingang sich zu bahnen
Durchs Fenster dort, dem Blätterwerk entsproß,
Und dringet ein, im Guß der Farbenwelle,

Zum Heiligthum der zierlichen Kapelle,
Dem Strome gleich, der über Dämme schoß,
Um uferlos auf Wiesen zu vergleiten.
Die Herrlichkeit beginnet zu verbreiten
Sich in dem edel, reich geschmückten Raum,
Das Fensterbild, — des frommen Joseph Traum, —
Lang hingezogen auf dem Boden, malend,
An Altar, Pfeilern und Gebilden strahlend,
Die Friese zierend mit dem Purpursaum.

Die Thüre rauscht am bunten Hochaltare.
Das schöne Bild von einem stolzen Paare
Geht in des Chores Tiefen herrlich auf.
Ein hohes Weib, — nicht jung, nicht alt zu nennen:
Nicht jung, — denn nur bewegter Jahre Lauf
Läßt so die Spur des innern Kampfs erkennen,
Die hier an Stirn und Mund erscheint: — Das Brennen
Des Augenpaars, die Reize der Gestalt,
Die Majestät des Wandelns sind nicht alt.
Ein schwarzer Sammt, von Hermelin umzogen,
Erhöht den Wuchs in schimmervollen Wogen.
Ein Kleinod funkelt auf der stolzen Brust.
Das reiche Haar, des Vorzugs sich bewußt
Bey jedem Schmuck, dringt aus des Schleiers Falten,
Die goldgeflammt den schlanken Leib umwalten,
Und glanzgesäumet bis zum Boden wehn.

Die Hehre kommt an eines Jünglings Rechten,
Wie niemals schöner ihn die Welt gesehn.
Sein Auge blitzt nach Thaten und Gefechten.
Die weiche Lippe, die noch kindlich blüht,
Sie lächelt mild, in weicher Kraft erglüht.
Das zarte Kinn, ob angehaucht vom Golde

Des ersten Bartes, zeigt, der Unschuld Bild,
Ein Grübchen noch. Die Locken flattern wild,
Die hellen Locken, zu den Schultern nieder.
Ein schlanker Stahl sind die gewandten Glieder.
Der Anstand zeiget selbstbewußte Kraft,
Die, wo sie wirkt, sich Uebermacht verschafft.

Dieß sind, — die Gräfin dieses Haus, Mathilde,
Und Heinrich von Blandart, ihr einzig Kind,
Der reiche Herr der blühenden Gefilde,
Die meilenweit der deutsche Rhein durchrinnt.

Die Mutter führt, — doch ohne laute Klage, —
Den Jüngling hin zum Marmorsarkophage,
Wo, — Marmor selbst, — ein Ritterbildniß ruht.
Die Hohe drückt des schönen Mundes Glut
Den Lippen auf des kalten Steingesichtes.
Was sie bewegt, zeigt ihre Thränenflut,
Und, — horchet nur, — die Silberstimme spricht es:

„Der erste May, der strahlend aufgegangen
In Blütenpracht und Liedesklängen heut,
Die Thränen hat er glühend meinen Wangen,
Der Wonne, wie der herben Pein erneut.
Vor vier und zwanzig Jahren ward mein Bangen
Durch Deinen Eintritt in die Welt erfreut
An gleichem Tag, — und an demselben Tage
Scholl vor acht Jahren meine Wittwenklage."

„Sieh her, mein Kind, in diesem Marmorgrabe
Liegt, — von dem Gegner unsres Stamm's gefällt,
Von Odenwald, — der Ansehn, Burg und Habe
Den unsrigen dort frech entgegenstellt, —

Dein Vater. — Ach! — damit mein Schmerz sich labe,
Ruf ich zurück, was unser Haus, die Welt
An ihm verlor: — Das Haus, von Sturm umwittert,
Den tapfern Hort, vor dem der Feind gezittert."

„Die Welt, den Kämpfer für die heil'gen Rechte
Des Kaisers, des Gesetzes, in den Gaun,
Der vom verfolgten wehrlosen Geschlechte
Zu wenden strebte der Verfolgung Graun.
Denn dieß bezweckten Odenwalds Gefechte,
Durch Aller Elend sich sein Glück zu baun.
Als Vorwand nur muß ihm der Namen dienen
Des Guelfenthums. — Wir blieben Ghibellinen."

„Dein Vater, stolz auf sieben Siege, traute,
Dem alten Glück in neuem Treffen; — ach!
Und ahnte nicht, das Hinterlisten baute
Der arge Feind. — Verderblich fiel der Schlag. —
Wie Gott herab auf jene Stunde schaute
Bleib' ungefragt. Ein unglücksvoller Tag
Riß alle Kränze, für Blandart gebunden,
Hinab ins Blut von seinen Todeswunden."

„Ich aber lag an dieser Gruft, umrungen
Von höchster Noth, in der Verzweif'lung Wuth.
Die Hallen schon, ich wähnte sie durchdrungen
Von Feindesschwarm, von frevelhafter Glut.
Den Himmel rief ich, daß mit Flammenzungen
Er züchtige des Feindes Uebermuth,
Denn neben mir schien an des Grabes Thoren,
Der Hülfe Pfand, — die Hoffnung selbst verloren."

Da kamst Du her, und sprachst: — „„genug der Klagen!
„ „Die Sonne sank, — ich bin ein Morgenroth;
„ „Dem Wille lebt, und kühner Muth zum Tagen.
„ „Der Knabe rächt des großen Vaters Tod.
„ „Was mich durchglüht, stammt nicht aus eiteln Sagen.
„ „Ein Engel führt die Frommen aus der Noth.
„ „Sieh her, — das Schwert kann ich des Vaters schwingen,
„ „So will zurück ich seine Siege bringen.“ “

„Mein tapfrer Sohn, — Du brachtest sie. Wie bäumte
Sich unter Dir des Vaters Streithengst froh! —
Wie klang sein Stahl in Deiner Faust! — Ich träumte
Dich herrlich oft, — doch niemals, — niemals, — so.
Du griffst ihn an, den Feind, der nichts versäumte,
Doch halb zerstört vor einem Knaben floh.
Die Führer staunten Deiner Jugend. — Trunken
War ich aus Schmerz in Seligkeit versunken.“

„Dein zweiter Sieg, Dein dritter, gab den Planen
Des Kurd von Odenwald den Todesstreich,
Denn Mainz und Worms, sie machten auf den Bahnen
Des Vortheils mehr Dich als den Vater reich.
Du warst ein Held im Fechten und Ermahnen;
Dir halfen Kraft und Ueberredung gleich.
Bis diesem Feind, dreymal aufs Haupt geschlagen,
Der Muth entging sich aus der Burg zu wagen.“

„So tapfer Du, — so ruhmgekrönt, und immer
Noch festgehalten in der Väter Schloß? —
Vom Kaiser an den Hof gerufen nimmer,
Und doch der treuste Ghibellinensproß?

Nichts kennend von der Welt und ihrem Schimmer,
Wie lockend er in Deiner Nähe floß,
Als nur die Gärten, Deiner Kindheit Wiege,
Dicht neben an das Blachfeld Deiner Siege?"

„Dein sanfter Blick will jeden Vorwurf meiden,
Daß ich es war, die hier zurück Dich hielt.
— Wiss', daß ich nicht, um thöricht mich zu weiden
An Deiner Näh' das schwache Weib gespielt.
Heut darf die Nacht sich von dem Lichte scheiden;
Heut bricht der Pfeil, der lang auf Dich gezielt.
Wenn anders nicht die Kunst der Astrologen
Nur Tücken wob, und Dich, und mich belogen."

„Du kennst, o Sohn, den Stamm, dem ich entsprossen
In jenem schönen liedervollen Land,
Von der Dürance Silberstrom durchflossen.
Mein Vater, Karl, Graf von Brignolles, stand,
Lang unerschüttert von des Banns Geschossen,
Als Haupt der Secten, Ketzer oft genannt,
Die heute noch sich Albigenser nennen,
Und Monarchie der Kirche nicht erkennen."

„Ein Räthsel liegt auf seinen späten Jahren.
Er forschte nach geheimer Wissenschaft,
Trieb, wie man sagt, die Geisterwelt zu Paaren,
Und gab dem Wahn den eignen Geist in Haft.
So kniet er auch vor Dem in Silberhaaren,
Was früh verworfen seiner Forschung Kraft,
Glich, — spät vom Licht, dem er gefolgt, geschieden, —
Nun den Asceten aus den Thebaiden."

„Ich, — von zehn Kindern einzig ihm geblieben,
Wuchs auf, ein Kleinod seiner Zärtlichkeit.
So ward ich, früh belehret durch sein Lieben,
Von ihm zur Albigenserin geweiht.
Als er darauf bekehrt sich vorgeschrieben
Den Kirchendienst, zerfielen wir im Streit.
Ich sollte Reu' mit ihm und Buße fassen,
Und wollte nicht den ersten Weg verlassen."

„Wollt' er durch Fasten und Kastey'n sich klären,
Sollt' ich zum Heil als Nonne läutern mich.
Zum Wesenlosen aber und zum Leeren
Schrieb das Gelübd' der Klöster damals ich.
Nie mocht' ich es dem freien Sinn verwehren,
Daß liebend er der Liebe neige sich:
Auch Deinen Vater hatt' ich schon gesehen. —
Du wirst, — mein Sohn, — das Weitere verstehen."

„In einer Nacht entwichen wir, — den Segen
Gab uns ein Priester, welchen Gold gewann.
Vor Tage noch, auf unwirthbaren Wegen,
Erwählten nach dem Hafen wir die Bahn.
Da kam uns Glück, — so meinten wir, — entgegen,
Weil wir ein Schiff nach Cyprus fertig sahn.
Dort hofften wir die Sicherheit zu finden,
Und fuhren ab, begünstigt von den Winden."

„Schon fühlt' ich mich als Mutter, und ein Bangen,
Noch nie gekannt, erweichte meinen Sinn.
Von Ahnungen bestimmter Qual' umfangen,
Und tief bewegt von Zweifeln, sink ich hin.

Bald zischen auch des Schicksals Geißelschlangen.
Die Rache wird des Meeres Königin.
Sie wirft im Sturm Glut, Flut und Luft zusammen.
Wir treiben hülflos zwischen Meer und Flammen."

„Nach sieben Stunden auf den Wasserwüsten,
Steht unser Kiel: wir haften auf dem Strand.
— Wohnt im Geschick ein höhnisches Gelüsten? —
Man fördert uns, kaum athmend, an das Land.
Und dieses Land? — Ha! — meiner Heimath Küsten;
Des Vaters Schloß am nächsten Waldesrand!
Wir finden uns zurückgewährt den Mächten,
Die wir geflohn, weil sie verwerfend rechten."

„Des Vaters Burg empfing mich, — und des Alten
Hochseltsamen Empfang vergeß ich nie.
Nicht schalt er mich, nicht den Gemahl. Sein Walten
Im Wolkenland der Andacht und Magie
Schien unser Thun für eine Zahl zu halten,
Um andern Zahlen anzurechnen sie.
Ja, selbstzufrieden schien er zu gestehen,
Dieß müsse seyn, weil ers vorhergesehen."

„Dem Gang der Sterne sey nicht vorzugreifen,
Da festbestimmt ihr hoher Wandel sey,
Wie die Geschicke, die den Erdball streifen
Durch ihren Zug, — ein ewig Einerley.
— So ließ er still des Gatten Plane reifen,
Der, in der Noth entschlossen, kräftig, frey,
Nach Rom enteilt, mit Schätzen wohlversehen,
St. Peters Stuhl um Gnaden anzuflehen."

„Nichts fand er dort von schweren Hindernissen;
Nur Zeitverlust war seine Pein. — Mir schlich
In tiefer Noth, in Kummers Finsternissen
Das Leben hin, bis fast Geduld entwich.
Mein Vater ließ mich eines Tages wissen,
Ein Sternenwort erscheine leserlich,
Das einen Sohn mir künde, — doch auf Erden
Sey Kampf sein Loos mit nächtlichen Beschwerden."

„Denn seiner Eltern Sünden abzubüßen,
Sey wilde Qual ihm oben zugetheilt.
So werd' er sich der Kirche weihen müssen,
Die jede Schuld mit Himmelsbalsam heilt.
Ein Frevel sey, vor ewigen Beschlüssen,
Mein Widerstand, vom Vaterfluch ereilt:
Denn mein Vergehn sey straflos nur geblieben,
Weil ander Loos die Sterne vorgeschrieben."

„Was ich gefühlt? — so fragst Du. — Pilger lehren,
Die glaubensvoll den Orient gesehn,
Daß in den Wüsten, die der Flut entbehren,
Oft über Klüften Truggebilde wehn,
Als ob sie Teiche voll des Wassers wären.
Die dursterschlafften Karavanen gehn
Im raschen Schritt vermeintem Trunk entgegen,
Und finden, — Sand, den Dornen welk umhegen."

„Wie sie getäuscht empfand ich mich. Zu drücken
Ans frohe Herz hatt' ich gehofft den Sohn,
Nun löste sich in Jammer mein Entzücken,
Das jeder Traum mir vorgezaubert schon.

„ „Und welche Lehre will mir denn entrücken
„ „Mein Heiligstes? — rief ich im wilden Hohn. —
„ „Mich sollen Angst und Mutterschmerz verzehren,
„ „Dem Moloch nur ein Opfer zu gebähren?" "

„Und meine Stunde, Heinrich, kam. — Berichten
Möcht' ich Dir etwas: — wär' es mehr als Wahn,
Noch heute, heute! würd' es mich vernichten.
Doch glaub' ich gern, es kreuze meine Bahn
Als Luftbild nur. — Entdeck' ich es? — mit nichten.
Dir soll, mein Sohn, nicht diese Natter nahn.
Ich will, — ich muß ihr Offenheit versagen;
Mag sie nur mir das tiefste Mark zernagen."

„Hinweg, — nichts mehr. — Du, wunderholder Knabe,
Bist nicht gegrüßt von meiner Mutterlust.
Mein warst Du nicht, Du warst des Klosters Habe;
Du lagst, ein Stein, an meiner kranken Brust.
Dem Leben nicht, — mein liebes Kind, — dem Grabe
Gab Dich mein Wunsch. — Du weintest, unbewußt.
Dein Klageton war Vorwurf meinen Ohren,
Daß ich dem Beil des Opfers Dich geboren."

„Dein Vater kam, — kam endlich, — reich begnadet.
Die Christenheit vergab mir mein Vergehn,
— War es nicht längst durch Thränen weggebadet? —
Ließ unserm Bund den Segen nicht entgehn.
So war besiegt, was unserm Glück geschadet,
Wir konnten fest im Schutz der Kirche stehn.
Und mein Gemahl, der Wonne nur ergeben,
Rief nach dem Sohn, ihn an das Herz zu heben."

„Und als ich schwieg, in Thränen schwamm, — mein Gatte
Befremdet stand, nicht kennend meine Qual,
Da trat Dein Ahn, — der nie bemerkt Dich hatte, —
Nun Dich im Arm, urplötzlich in den Saal.
Sein Auge, das sonst halb erstorben matte,
Goß, meteorisch funkelnd, Strahl auf Strahl.
So schien der Greis, hoch wandelnd, meinem Blicke
Der hehre Diener waltender Geschicke."

„„Graf von Blandart, — so sprach er, — diesen Knaben
„„Schenkt Dir des Himmels überreiche Huld.
„„Ein Opfer nur will die Versöhnung haben.
„„Sie nahm es schon. — Vergeben ist die Schuld,
„„Und Friedensboten reichen Doppelgaben,
„„Durch Wunder tröstend leidende Geduld.
„„Nimm hin dieß Kind; sein Horoskop verkündet:
„„Einst sind in ihm Glück, Muth und Licht verbündet.""

„„In Sternen ist sein Lebenslauf geschrieben;
„„Ich las ihn. — Heil! ruf ich dem Enkel zu.
„„Dem Waffenruhm, dem Sieg, dem höchsten Lieben,
„„O holder Knabe, blühst entgegen Du.
„„Dieß Kästchen seht, aus reinem Gold getrieben,
„„Den Weihesprüchen füg' ich es hinzu.
„„Von meinem Enkel werd' es selbst erschlossen,
„„Wenn viermal sechs an Jahren ihm verflossen.""

„„Und bis der Tag, an welchem er geboren,
„„Zum viermal sechstenmal ihm wiederkehrt,
„„Sey jeder Zug, den sich sein Wunsch erkoren,
„„Aus seines Erbes Gauen, ihm verwehrt;

„„Denn spurlos geht er in der Welt verloren,
„„Wenn er des Himmels Ordnung nicht verehrt.
„„So schwöre, Graf, in Deines Kindes Seele,
„„Daß nicht Gehorsam dieser Weisung fehle.“ “

„Mein Gatte schwur, — und hochentzückt. — Verlassen
Befand ich mich in seltsam tiefer Pein.
Dieß dunkle Wort in meinem Sinne fassen,
War Sonderung der Wahrheit von dem Schein.
Dann konnt' ich nur dem unbegrenzten Hassen
Die volle Kraft der tiefen Seele weihn.
Zum letzten mal sprach ich mich aus; doch glitten
Die Worte leer, — schlau widerlegt, — bestritten.“

„Ich selbst zuletzt fing an zu zweifeln; trage
Seitdem den Wurm geheim in meiner Brust.
Oft fühl' ich ihn, doch stumm ist meine Klage.
Sein Tod ist Schlaf, — bald weck' ich unbewußt
Den Mahner auf. — Still, — hemme Deine Frage,
Weil Du vor Allen harmlos bleiben mußt.
Nur auf Dein Loos sey Herz und Sinn gewendet,
Denn mehr erfährst Du, wenn mein Wort sich endet.“

„Wir zogen bald nachdem sich dieß begeben
Zu meines Gatten väterlichen Aun. —
Hier auf Blandart begann ein fürstlich Leben.
An Dir, mein Kind, war jeder Reiz zu schaun.
Der Kaiser Friedrich, dem wir heiß ergeben,
Begann auf Dich viel Hoffnungen zu baun,
Und forschte mit den klügsten Astrologen
Nach Deinem Schicksal an dem Sternenbogen.“

„Wie wunderbar! — welch Mittel auch erkoren,
Sein weiser Sinn, der Forschung zugekehrt,
Es blieb dabey, — Du gingst der Welt verloren,
(Ganz wie Dein Ahnherr, Heinrich, uns belehrt,)
Wenn, — eh der Tag, an dem ich Dich geboren,
Zum viermal sechstenmale rückgekehrt, —
Du, — nicht beachtend das Gebot der Sterne, —
Nach Thaten strebtest in die dunkle Ferne."

„Und darum, Sohn, verbot ich Dir, zu lassen
Bisher Dein väterliches Land, — und Du
Trugst tief betrübt, was Du nicht konntest fassen.
Mit Kummer schaut' ich Deiner Sehnsucht zu.
Wenn ohne Licht Dein Dunkel ich gelassen,
War ich besorgt allein um Deine Ruh.
Wohl kannt' ich Dich; — mir zärtlich nachzugeben
Fiel leichter Dir, als fremder Pflicht zu leben."

„Der Unglücksstern hat nun den Kreis beschrieben,
Glimmt kraftentblößt. In Deinem eig'nen Sinn
Ruht nun Dein Loos, Dein Wagen, wie Dein Lieben.
Dein eig'ner Wunsch bringt Nachtheil, bringt Gewinn.
Jetzt, da kein Band für Deine Kraft geblieben,
Jetzt reich' ich Dir des Ahnherrn Kästchen hin.
Heut ist der Tag es aufzuschließen. — Blicke
Nun in der Zukunft wartende Geschicke."

So sprach die Gräfin, — drückt am Sarkophage
Die Feder ein, die sonst nicht kenntlich war:
Auf springt ein Schrein. — Das Kästchen glänzt am Tagge.
Die Mutter bietet es dem Sohne dar.

Und als er es mit starker Hand erfaßte,
Da schien es ihm, daß zentnerschwer es laste,
So wie die Jahre seiner Lebenszeit
Mit Schmerz, und Kampf, und Anlaß zum Entsagen.
Von dunkeln Flügeln wähnet er umschlagen
Sein junges Haupt, sein Herz getheilt im Streit.
Er öffnet schnell, — denn er beschließt zu wagen.
Ein Pergament steigt rauschend aus dem Gold.
Des Ahnherrn Schrift wird eilig aufgerollt,
Die lange schlief, um Folgendes zu sagen:

„Eins ist der Schmerz; — Eins, Zwey sind Schmerz und Freude.
Wohl, daß ein Paar getreten in das Leben!
Eins büße Du, denn diese Zwey soll streben,
So sühnet Ihr verherrlichet Euch beyde.

Der strenge Kampf ist nur der Büßung Weide;
Doch Milde soll ihr Blumennetz umweben
Dem Strebenden. — So wird die Zwey sich heben
Stets herrlicher, was auch die Einheit leide.

Die Milde wächst nur in der Heimath Frieden,
Da reife Zweyter von der Welt geschieden.
Ob spät Du wagst, Dich muß das Glück beschenken.

Wird sich der Tag, da Du dieß öffnest, senken,
Dann senden hell Dir die versöhnten Sterne
Den Liebeswink, — den Heldenruf der Ferne.“

Von diesen Räthselworten mild begrüßt
Steht Heinrich da, so wie der Wandrer weilet,

Wenn, unerklärt, aus Weiten ihn ereile
Ein warmer Hauch, der seine Stirne küßt,
Im kalten Herbst. — Bey vieler Zweifel Walten
Will Sinn und Herz in Fragen sich entfalten.
Doch wen befragen? — wen? — ihm ist bewußt
Ein weis' Orakel in der Mutter Brust.
Doch als den Blick er auf die Theure richtet,
Da steht sie vor ihm, — leichenblaß, — vernichtet.
„Ihr Heiligen!" — so ruft er angstvoll, — sieht
Ihr Lippenroth in tiefem Blau sich färben.
Das Auge bricht, als schließ' es sich zum Sterben.
Des Busens und der Wange Leben flieht.
Sie schreit: — „o Schmerz! — o Wahrheit meiner Träume!"
Ein Nachhall geht gebrochen durch die Räume,
Der Antwort ähnlich aus der Geisterwelt.
Ihr Fuß versagt ihr seinen Dienst. — Sie fällt
Am Bild', — am Sarge des Gemahles nieder.
Ein Schauer bebt durch ihres Sohnes Glieder,
Der in dem Arm sie, hülferufend, hält.

II.

Des regen Landmanns Mittagsrast ist aus,
Er sucht den Pflug, — er jocht die Stiere wieder.
Der Hirte legt sein müßig Schnitzwerk nieder,
Und treibt die Rinder durch den Wald hinaus.
Die Natter weicht, die sich gewärmt im Strahl,
Der, glühend schon, das junge Schilf gebogen;
Doch tausend Vögel schlagen auf einmal,
Sich fröhlich badend in der Kühlung Wogen,
Wie dort der Jugend laute Schaar,
Der Hüllen ledig, die das Ufer decken,
Im Fluß sich wiegt, und schwimmend, Paar an Paar,
Hier jubelnd singt, dort, tändelnd mit Gefahr,
Das Wasser sprizt, um übend sich zu necken.

„Wird sich der Tag, da Du dieß öffnest, senken,
„Dann senden hell Dir die versöhnten Sterne
„Den Liebeswink, den Heldenruf der Ferne."

So wiederholt Graf Heinrich fort und fort
Zum zehntenmal des Ahnherrn Zauberwort,
Und sinnt und grübelt, in den Fensterbogen
Des Waffensaals der Burg gelehnt, wo lang
Er träumend folgte mit dem Blick den Wogen
Des grünen Rheines, und dem Wolkengang.

Dieß ist gewiß, die Fernen liegen offen,
Verschwunden ist, was ihn so lang geplagt.
Doch Liebeswink? — und Heldenruf? — es tagt

Ihm dämmernd erst, doch bald ist Licht zu hoffen.
Für heute noch ist ihm es angesagt.

Er nimmt sein Schwert, das tüchtigste von allen,
Des ersten Kampfspiels funkelnder Gewinn,
Sein Sammtbaret das Federn überwallen.
Dem Windspiel pfeifet er. — Wo will er hin?

Hinaus, hinaus in Thal und Wald. Es drängen
Erwartungen ihn wogend aus dem Schloß.
Nicht Liebe winkt wo Mauern ihn umengen,
Kein Heldenruf erklingt ihm hier. — Es floß
Der Frühlingsduft mit Ahnung ihm entgegen.
Wo tausend Blumen öffnen sich dem Licht,
Wo tausend Zweige sich im Weste regen,
Und jedes Blatt mit Elfenzungen spricht,
Da wird erfüllt der Prophezeiung Segen,
Da winket Liebe, rufet Heldenpflicht.

Durch Saal und Gang, mit Flügeln an den Füßen
Enteilt der Graf. — Nun hält er ein. Er muß
Die vielgeliebte kranke Mutter grüßen.
Sich heiligen durch ihren Friedenskuß.
— Er schleicht hinein in ihr Gemach. — Es winken
Die Zofen ihm zu leisem Tritt. — Sie ruht
In leichtem Schlaf, nach heißer Fieberglut
Den Balsamquell der Kräftigung zu trinken.

Kein Sohn vielleicht der zärtlicher empfand.
Er schiebt hinweg des Bettes Vorhang.
Glühend
An Wang und Stirn, — vom Schlummer der sie band

Nicht mild erfrischt, nur mühsam Athem ziehend,
Liegt, tief versenkt in wilde Phantasien,
Die hohe Frau. — Sie redet: „gebt mir ihn;
Er ist mein Sohn, — ich hab' auch ihn geboren.
— Wer wird ihn frech von meinem Busen ziehn?
— O wehe mir! — mein Kind hab' ich verloren."
Die Seelenangst vertieffet diesen Ton.
Ein Seufzer will die bange Brust zerbrechen.
— „Du, der du thronst dein Richterwort zu sprechen,
Gieb Frieden ihr, verklärter Gottessohn!" —

Der Jüngling geht; — und von der Brücke nieder
Wallt er hinaus in sonnenhellen Tag.
— Die ganze Welt ein Reich des Lichts, — der Lieder.
Das Auge folgt dem breiten Heerweg nach.
Der Kaiser rief, der noch zu Mainz verweilet,
Die Ritterschaft gen Worms zu dem Turnier,
Und Heinrich sieht wie rings des Landes Zier
Auf allen Straßen zu der Reichsstadt eilet.
Ein Zug besiegt den andern stets an Pracht.
Erst Reisige mit Panzerhemden, Hauben;
Dann Edelknaben in verbrämten Schauben,
Die Hengste führend, gut zu Spiel und Schlacht,
Mit Rüstungen der stolzen Paladine
Befrachtet nun. — Der Glanz von Helm und Schiene,
Die Federbüsche, die geschaukelt wehn,
Gleich Riesenblumen welche Winde necken;
Die gold'nen Lanzen, die wie Thürme stehn,
Die reichbefranzten bunten Wappendecken;
Die heitern Zierden flimmernd an dem Schild;
Sie schaffen um das Roß in ein Gebild,
Dem Götzendienst die Vollmacht beygeleget.

— In schönen Gruppen schimmervoller reget
Das Folgende sich nun. — Die Ritter ganz
Im Festesschmuck: der Frauen holder Kranz
Auf weißen Zeltern, die voll Stolz sich heben:
Die Schärpen, Bänder, welche flatternd schweben:
Der Minnesinger freudevolles Weben,
Die, wunderbar geputzt, mit Sang und Klang,
Auf schlanken Pferden gaukeln zugentlang:
Dieß Alles scheint, von Weitem angesehen, —
Dem frohen Blick ein Zauberblütenstraus,
Der, Töne, Leben, statt des Duftes, Thaus,
Zur Erde sank aus dem Gebiet der Feen.

Vom Felsen sieht der überraschte Graf
Das wechselnde, das wogende Gepränge,
Bis von Bekannten in der Menge
Bald hier, bald dort ein Blick ihn traf.
Man grüßt empor. — Man fragt: — „Ihr kommt doch bald?"
Kein Heldenruf ist ihm bis jezt erklungen.
Von Ungeduld, von Hoffnung halb durchdrungen,
Eilt stürmisch er hinunter in den Wald.

Der Eichenhain liegt magisch in dem Strahle
Der tieferstehn'den Sonne. — Welch ein Raum!
Zur Säulenreihe schließt sich Baum an Baum,
Und macht den Forst zum riesenhaften Saale.

Horch! — welch' ein Ton? —
Ein ferner Harfenklang
Die Hallen zieht er dieses Doms entlang,
Und Heinrich wird gehoben von den Wellen
Der so noch nie gehörten Melodie.

Bald sieht er sich an ihren Wunderquellen,
In einem Rosenbusch, — er weiß nicht wie.
Tief in dem Schoos der dichterblühten Hecken
Ruht, mit dem Muschelhute, mit dem Stecken
Von dunkelm Kleide pilgerhaft umwallt,
Des schlanken Minstrels zierliche Gestalt.
Sein Antlitz ist dem Horcher abgewendet.
Ein mächtig Vorspiel ist im Sturm geendet,
Und eine volle Silberstimme sendet
Des Wortes Flammen in des Tons Gewalt.

„Zündenden Blitzes unwendbare Glut,
Ströme nicht nieder in siedende Flut.
Rase nicht Liebe, — sey mild.

Weh' dem Besiegten im wüthenden Kampf!
Wirbelnd gestaltet der tödtende Dampf
Neu' dein entsetzlich Gebild.

Heiligen Strahles verklärender Glanz,
Fülle die Seele des Schuldlosen ganz:
Kränze mit Sternen die Ruh.

Ha! wie die Schwäne den Aether durchziehn!
Sonne vergoldet sie. — Wolken entfliehn.
Liebe wie göttlich bist du! —"

Ein Ach! ertönt aus Heinrichs Brust. — Es hebet
Der Sänger sich, — kehrt sich ihm zu. — Doch wie!
Solch ein Gebild' erinnert an Magie.
Der Locke Schnee, die von der Stirne bebet,
Ein Silberbart der bis zum Gürtel wallt,
Sind eines Manns wohl ein Jahrhundert alt;

Doch dieser Leib so frey, so stolz getragen,
Dieß Aug' im Brand, kühn wie nicht anzusagen,
Die starke Hand, der volle feste Fuß,
Sind was die Kunst an Helden bilden muß,
Die Jugendglut, mit jedes Pulses Schlagen,
Zu Kämpfen treibt, zu brausendem Genuß.

Der Jüngling schweigt. Der Alte schweigt. Sie messen
Sich gegenseit, und beide, schnell gepaart,
Sie scheinen sich und jedes zu vergessen,
Nur nicht die wunderbare Gegenwart.

Da spricht der Greis: — „Ich grüße dich Blandart!
Du kennst mich nicht, Dich hab' ich oft gesehen,
Als noch mein Haar, ein reiches Lockengold,
Mir jugendlich die glatte Stirn umrollt.
Wo Geisterstimmen durch die Palmen wehen,
Und Manna träufelt auf das heil'ge Land,
Da kniet' ich oft an Jordans gelbem Rand,
Ein Spiegelbild mit sehnendem Entzücken,
Weil Dir es glich, in meine Brust zu drücken.
— Ha! — rede nicht. — Der Schleyer, dessen Weben
So räthselhaft aus meinen Worten fällt,
Du wirst ihn nicht, und Niemand wird ihn heben,
Weil dunkler Eid ihn mächtig niederhält.
— Nein, — forsche nicht, — laß deine Hand mich fassen.
Der Augenblick des Trostes, — er ist da.
Der Dulder hofft, er fühlt sich nicht verlassen.
Mit Deinem Blick sind tausend Engel nah."

Der Graf erstaunt. Des Sängers Thränen rinnen
Ihm auf die Hand. Ihm wird — er weiß nicht wie.
„Du der mich kennt, und mir begegnet nie, —"

— So muß er endlich halb verwirrt beginnen, —
Wie nennst Du Dich?
Der Alte sinnt, und spricht
Mit weichem Ton: – „Ich bin nicht, heiße nicht.
Mein Wesen starb, mein Name ist verschollen.
Die Monden wandeln, und die Jahre rollen,
Und wenn erglänzt der hochgeweihte Tag
Der Wesen, Namen, zu erneun vermag,
So drückt vielleicht er der Vergebung Siegel
Auf eines unbekannten Grabes Hügel.
— Nichts gelt ich mehr; — o forsche nicht nach mir.
Ich sehe Dich, ich fühle mich bey Dir!
Um heute Dich am ersten May zu grüßen,
Hat meine Kraft die Ströme zähmen müssen,
War mir der Gothard nicht zu steil und kalt,
Der Wettersturm zu dürftig an Gewalt,
Der Felsen weich an meinen nackten Füßen.
— Und warum lieb' ich Dich? — O Freund, warum
Schlingt dem Platanen sich der Weinstock um?
Hat eine Scholle beide nicht geboren?
Hat nicht ein Strahl aus offnen Himmelsthoren
In beiden mütterlich das Laub erweckt?
— O zürne nicht wenn Dich mein Nahn erschreckt. —

Hat Liebe schon Dein kühnes Herz durchdrungen?
Du schaust mich an so klar und frey. — Noch nicht
Ist eine Mahnung an die große Pflicht
Bis in den Frieden Deiner Kraft geklungen.
Sie wird, mein Heinrich, — ja sie wird, — doch sieh
Mich flehend hier im Staub zu Deinen Füßen:
Wirst Du der Herrin Aller dienen müssen,
O scheide Dich von Deinen Pflichten nie.

Hast Du das Lied vom Reginald vernommen,
Vom armen Reginald? — noch nicht. — O schwer
Fehlt er als Tempelherr, — und fehlt nicht mehr.
Ein stolzer Wunsch war seiner Brust entglommen,
Den Assassinenfürsten, welcher schon
Sich halb genahet Jesu Christi Thron,
Doch rückwärts wich, um Mahoms Wahn zu tragen,
Weil seinen Boten Templerhand erschlagen,
Zurückzuführen zu dem Gnadenlohn. *)

„„Geh, Reginald, — so sprach der Meister, — ende
„„Das hohe Werk zu dem ich aus Dich sende.
„„Der Heiland wird mit meinem Liebling seyn.““

Zum Bergesalten zog er friedlich ein,
Und, halb gerührt von seiner Rede Dringen,
Wankt Schebedin, und nahe schien Gelingen.
Da sprach der Fürst: — „„Du redest vom Entsagen
„„Der Lebenslust, und lobst vom Kreuz das Wehn.
„„Noch hast Du Mahoms Eden nicht gesehn.
„„Und zeig' ich es, — sprich Kühner, willst Du wagen
„„Der Lockung Probe gläubig zu bestehn?““
Der Templer rief: „„Ich will! — es soll gelingen!““
— Laß seinen Kampf, laß seinen Fall mich singen.“

„Durch die Cedern des Libanon brauset der Sturm.
Die Jungfrau weinet im Felsenthurm.
Sie singt ihre Klagen in Nacht und Wind;
Des Alten vom Berge gefesseltes Kind.“

---

*) Siehe die Erläuterung am Schlusse.

„In froher Jugend reichem Morgenschimmer
Zog hin, Zuleima, Deiner Tage Fluß,
Als Dich umgab des Islam Truggeflimmer.
Nur kanntest Du vom Daseyn den Genuß.

Dein Schloß erhob sich in den Zaubergründen
Der mährchenhaft geschaffnen Gartenwelt,
In die der Scheikh, der Schüler Wahn zu zünden
Ein Lügenbild des Paradieses stellt,

Und die Getäuschten, deren Traum sich endet,
Mit der Verheißung zu dem Morde sendet,
Daß, wenn sie fallen, — nie die Lust sich wendet,
Nach der die Sehnsucht ihre Busen schwellt."

„Was fliegen die Zofen durch Saal und Gemach?
Welch' eilig, welch freudig Getümmel wird wach?
Ein neuer Erwählter zu Großem ernannt,
Wird heute zum Vorschmack der Himmel gesandt.
Schon baden die Huoris. Des Nardenöls Duft,
Die Würzen des Ambra durchhauchen die Luft.
Dort Blumen zu Kränzen, hier Früchte zum Mahl.
Dort stimmt man die Zimbeln, hier schmückt man den Saal.

„Ein Laubenpallast aus erblühten Rosen
Steht an der silberklaren Quelle Rand.
Die leichten Abendwinde, welche kosen,
Entwenden Duft, den sie, die Treulosen,
Zu Wölkchen weben an der Felsenwand.

„In schwere Fesseln tiefen Schlafs geschlagen
Liegt da der Templer in der Schatten Nacht,
Auf den Befehl des Scheikhs herbeigetragen.
Man nimmt ihm Mantel, Ritterkleid und Kragen,
Und schmücket ihn mit feenhafter Pracht.

„Nichts hüllt ihn ein, als in azurnen Falten
Der reiche Mantel. — Hals und Arm und Fuß
In Schnüren sind von Perlen sie gehalten.
Sein Wesen soll sich üppig umgestalten
Zu der Verkörperung von einem Kuß.

„Ein Beckenklang zieht durch des Gartens Räume.
Der Jüngling fährt aus der Betäubung Ruh',
Sieht staunend sich, die Blumen und die Bäume.
Da wallt ein Lied, als ob das Reich der Träume
Sich ganz gelöst in Chören, auf ihn zu.

„„Dir lächelt was Mahom den Treuen verhieß,
Durchwallst noch im Leibe sein Paradies.
Den Koran umfasse der siegreich besteht,
Dann giebt es Dir ewig dereinst der Prophet.""

„Die Stimmen verhallen. — Welch plötzlicher Glanz?
Zwöf reizende Huoris drehn nackt sich im Tanz.
Sie schweben ihm näher. — Sie kränzen sein Haar.
Er kreuzt sich den Busen, — da weicht die Gefahr."

„Ferne rufen Zimbelklänge.
Fortgeschmeichelt wallt
In der reizevollen Menge
Zagend Reginald.
Gold'ne Kuppeln sieht er ragend
Aus dem Palmenhain.
Bunte Dächer sind getragen
Von den Säulenreihn.

„Röthlich flammt im Abendstrahle
Weißes Marmorthor.
Aus dem schimmervollen Saale
Schwebt ein Weib hervor.
Nur aus Nebel ist gewoben
Ihr besternt Gewand.
Nie wird and're Reitze loben
Wer Zuleima fand.

„Und der Jüngling steht befangen,
Und die Holde steht,
Ihre zartgeformten Wangen
Glühend angeweht.
Zu dem weichen Polstersitze
Weiß sie schlau zu ziehn.
Schmiegt, — im Auge feuchte Blitze, —
Zärtlich sich an ihn.

„Reichet in smaragdner Schaale
Schiras Rebenblut.
Heimlich rauscht im stillen Saale
Nur des Springquells Flut.

Flöten girren in der Ferne
Harfen lispeln drein,
Und sie sind beim Abendsterne
Glühend, — und allein.

„Der Entzückte wankt; — da sinket
Ihm ins Herz ein Licht.
„„Einer Hand die lockend winket
„„Folgt ein Ritter nicht.
„„Er soll herrschen, Er soll siegen.““
Stolz fährt er empor.
Seine Königsschritte fliegen
Bis ans Marmorthor.

„„Höre mich, getäuschte Schöne!
„„Wiß mein Helfer ist
„„Er nur, dem ich Dich versöhne,
„„Heiland Jesu Christ.““
Und Zuleima steht getroffen,
Und der Jüngling lehrt
Was die Christen glauben, hoffen,
Wunderbar bewährt.

„Und er lehrt die großen Kunden:
Die Bewegte weint;
Bis der Mond im West geschwunden,
Und das Frühroth scheint.
Da beginnt Zuleima: — „„Schande
„„Treffe Mahoms Wort!
„„Zu der Christen heilgem Bande
Streb' ich von hier fort.““

„„Dir nur will ich angehören
„„Schöner Lehrer dann,
„„Wenn begrüßt von Freudenchören, —
„„Wir dem Altar nahn.
„„Vater, Freunde will ich lassen
„„Fliehn mit Dir allein.
„„Wird zunächst der Tag erblassen,
„„Harr' im Thalgrund mein.""

„Er verheißt; — nun ganz durchdrungen
Von des Triebes Macht.
Trinkt, — und fällt vom Rausch bezwungen,
In Betäubungsnacht;
Bis, erweckt bey Tageshelle,
Vor dem Scheikh er steht,
Der ihn fragt mit Sturmesschnelle:
„„Welcher ist Prophet?

„„Jesus!"" ruft mit stolzem Hohne
Reginald, und prahlt
Daß Versuchung seine Krone
Reicher nur umstrahlt.
Spöttisch blickt der Alte nieder.
„„Frecher Lügner flieh! —
„„Nimmer, nimmer kehre wieder. —
„„Mich betrog man nie.""

Der Sänger stockt, und wie das Wolkendunkel
Ein Blitz erhellt, der schimmert und vergeht,
So zeiget sich ein glühendes Gefunkel

Das, merkbar kaum, durch seine Züge weht.
Sein Harfenspiel scheint bange Qual zu zügeln,
Als sey der Geist verlegen um den Halt
Sich raschen Schwunges über einen Spalt
Im tiefsten Seelenleben hinzuflügeln.
Und als sich erst im dumpfen Klageton,
Und ohne Takt der müde Klang gewieget,
Da wird der Feind, der heimlich nagt, besieget,
Das Lied erwacht, des Kampfes Schmerzessohn.

„Der Adler schlummert im Cedernnest.
Der Panther die blutige Jagd verläßt.
Der Schakal belfert im Grunde.
Der Mond ist hinunter, der Nachtwind ist kalt.
„„Zuleima! wir sind unter Christen nun bald.
„„Besiege die Schrecken der Stunde.““

„„O Reginald, was mir die Stärke verliehn
„„Die Wohnung der Wonnen, den Vater zu fliehn,
„„Blieb nah durch die Nacht mich zu leiten.
„„Du lösest dem Nordwind die Flügel von Schnee,
„„Du lächelst der Müden vom Herzen das Weh!
„„Für Dich will ich dulden und streiten.““

„„Ha Weib, — daß des Herzens tiefschattende Nacht
„„Dein Blick mir zu gräßlichem Schimmer entfacht!
„„Ha Weib! — ich kann Dich nicht lassen.
„„Der Stolz ließ mich üppige Proben bestehn.
„„Ich fühl' ihn in Schrecken der Wüste vergehn.
„„Ich muß Dich verzweifelt umfassen.““

„„Wohl hab' ich geschworen im eisigen Bund,
„„Nie wünschend zu nahen dem weiblichen Mund,
„„Als Schrecken der Prüfung mir drohten.
„„Die Schwüre sind nichtig erschütterte Luft.
„„Ein Seraph in Flammen entreißet der Gruft
„„Den lebend begrabenen Todten.“ “

„„Wild brausen die Wogen, doch drüben ist Land.
„„Dort hat nicht Entdeckung und strafenden Brand
„„Der flüchtige Templer zu scheuen.
„„Doch hab' ich geopfert Dir Orden und Glück,
„„Gieb Glück mir und hohe Gelübde zurück,
„„Sonst muß mich das Opfer gereuen.“ “

„Er nennt ein Wort das sie knieend beschwört;
Wie keinem als ihm ihre Seele gehört,
Wie Niemand als er sie besitze.
Wenn anders sein Wort sie nicht löst von der Pflicht.
Den Himmel durchzittert ein bläuliches Licht,
Als wären es drohende Blitze.

„Der Tempelherr hebt an den Busen die Braut,
Und Lippe wird brennend der Lippe vertraut,
Im Kusse des Eidbruchs, der Sünde.
Da brausen die Rosse durch Dunkel und Wald.
Der Alte vom Berge mit Kriegergewalt
Schon naht er dem flüchtigen Kinde.

„Sein Dolch hat den frefelnden Templer durchbohrt.
Er reißet die Tochter im Sturm mit sich fort.
Weit hin schallt der Hufschlag der Pferde.
Des ringenden Weibes verzweifeltes Schrei'n
Ins Aechzen des Sterbenden tönt es hinein.
Sein Blut trinkt gierig die Erde.

„Durch die Cedern des Libanon brauset der Sturm,
Die Jungfrau weinet im Felsenthurm,
Vom Zorne gefesselt der Bösen.
Sie singt ihre Klagen in Nacht und Wind:
— Wo weilest du Retter; — die Stunde verrinnt.
— Will niemand die Dulderin lösen? —“

Der Alte schließt. — Im Fernen zu vergleiten
Scheint auch sein Spiel. — Als Heinrichs Blick sich hebt,
Dem perlenhell ein Thränenstrom entbebt,
Da nimmt er wahr den Sänger schon im Weiten,
Wo rüstig er die Felsenbahn gewinnt,
Mit seinem Pilgerkleide spielt der Wind,
So scheinet er zu schweben, nicht zu schreiten.
Er ist nicht alt, — kaum menschlich ist er mehr.
Sein Wuchs erhebt sich königlich und hehr;
Des Sturmes Kraft beflügelt seine Sohlen.
— Noch zeigt der Pfad ihn ragend, unverhohlen:
— Nun wallt um ihn der Ferne blauer Duft:
— Nun ist er hin, zerflossen in der Luft.

Nur er entschwand, doch seine Lieder weben
Durch Heinrichs Sinn, und Luftgestalten schweben,
Des Lieds Gestalten, vor dem innern Blick,
Des Templers Fehl, Zuleimas Mißgeschick.
Ihr Seufzerhauch kommt mit den Morgenwinden,
So wähnet er, — um seine Brust zu finden.
Dieß war der Liebeswink, verheißen schon.
— O könnt' ein Wunsch des Körpers Last besiegen,
Im Wolkenzug würd' er auf Stürmen fliegen,
Zum Kampf, zur Rettung und zum Liebeslohn.
Des Geistes Kraft, dem süßen Wahn zu dienen,

Sie bildet ihm das Kind der Assassinen,
Im Strahlenglanz der feenhaften Huld.
Ihr Auge schwimmt in Thränen süßer Schuld,
Doch scheint ihr Mund ihm Küsse zuzusagen:
Ihr Busen strebt am seinigen zu schlagen:
Der Schwanenarm will innig ihn umschließen.
Wie hält er sich, da Flammen ihn durchfließen?
Die Zukunft drängt sich in die Gegenwart.
— Er faßt sie schon, — wähnt Glut mit Glut gepaart;
Und hält umarmt, — ach! schnell erwacht vom Traume,
Den rauhen Stamm von einem Eichenbaume.

Er sammelt sich. — „Wer war der Minstrel, wer?
Ein guter Geist, zur Mahnung mir gesendet,
Der Kraft und Sinn zum fernen Ziele wendet.
Dieß Sternenbild ist aus des Aethers Höh'n
Ins flache Seyn des Strebenden gefallen.
Weit ist der Weg, der mir bestimmt zu wallen,
Doch zur Erlösung ich ersehn vor Allen,
Dem Lohne gleich ist die Bestimmung schön.
— Nach Osten fort!!" —

Er eilt dahin. —

Da fassen

Ihn Zweifel an, und hemmen seinen Flug.
Die Reise lang, und er allein, verlassen.
Die Lockung selbst, — und wäre sie Betrug?
„O Königin der Engel gieb im Zeichen
„Die Richtung mir, zum Bleiben, — zum Entweichen:"
So fleht er kniend. —

Horch, was rauscht einher,

Mit Flügeln schlagend in der Lüfte Meer?
— Ein Edelfalk, sich durch die Bäume schwingend,

Ein Fürst der Vögel, zeigt sich flüchtig, wild.
An Hals und Fuß mit Silberglöckchen klingend,
Ist er des Stolzes lustgeboren Bild.
Sein Fittich kaum scheint sich im Schuß zu regen;
So sauset er dem klaren Ost entgegen,
Wo dem Azur schon Rosenblut entquillt.
Da staunt der Jüngling, sieht mit starren Blicken
Und voller Brust dem schnellen Vogel nach.
Die Seele wühlt in künftigen Geschicken,
Vom Munde bebt ihm sehnsuchtsvolles Ach!
Der Eichenwald, die Hügel sind verschwunden,
Im dunkeln Pomp entsteigt der Libanon.
Die Cedern wogen, schatten, rauschen schon,
Und Zauberblumen duften Fabelkunden.

Lang steht er so, — tief schweigend in den Traum,
Der vielgestaltet vor ihm liegt, verloren.
Da tönt ein knisternd Regen seinen Ohren
Im nicht entfernten engbebuschten Raum.
Er wendet sich, um hinzublicken, kaum,
Als aus den dichtgezognen Dornenhecken
Zwey Thiere setzen, wunderbarer noch,
Von schöner Bildung, zart, und kräftig doch,
Den schlanken Leib besprengt mit bunten Flecken.
Wie junge Kätzchen sich im Spiele necken,
So jagen sie sich, flüchtig wie der Wind,
Im Kreis' umher, mit hochgehob'nen Schweifen.
Graf Heinrich staunt, und kann es nicht begreifen,
Wie diese wirklich — Leoparden sind.

---

*) Leoparden gehörten in das Jagdgeräth Kaiser Friedrich des Zweyten. Sie waren völlig gezähmt, saßen gewöhnlich auf den Pfer-

— Soll er entfliehn? — Er bleibt gefesselt stehen,
Bis plötzlich ihn die flinken Thiere sehen,
Und ihn in zwey gewagten Sprüngen nahn.
Sie blinzeln ihn mit grünen Augen an,
Indem sie halb sich an den Boden drücken,
Die Tatzen vor, doch hochgekrümmt die Rücken
Zu künft'gem Fang, und langsam wedelnd. — Gleich
Flammt Heinrichs Schwert, wenn ihm es gilt, zum Streich.
Sein Windspiel schmiegt sich ihm ans Bein mit Knurren.
Die Leoparden zeigen ihr Gebiß;
Die Krallen wachsen; und gewiß,
Nur zu verdächtig äußert sich ihr Schnurren.

Da hallt der Klang von einem Silberhorn.
Die Thiere winseln freudig nach dem Zorn,
Und jagen lustig einem Mann entgegen,
Der eben naht, vor ihm sich hinzulegen.

Wer ist der Mann? — Dem blauen Aug' entglimmt
Ein Strahlenpfeil, der sich zum Ziele nimmt
Des Herzens Mark; — dem eine Welt sich beuget.
Das Antlitz schön, in höchster Heldenkraft,
Auf stolzem Halse kühn erhöht, bezeuget,
Daß jeden Trotz der Eigner mit sich rafft,
Der Sonne gleich, die von dem Himmelsbogen
Den Nebel strahlt, der neidisch ihn umzogen.
Sein gelbes Haar in dichten Locken wild,

---

den hinter den Jägern, und wurden, sobald das Wild aufgejagt war, auf letzteres losgelassen. Sie wurden auf der Erde gebraucht, wie die Falken in der Luft. — (Geschichte der Hohenstaufen von F. von Raumer.)

Der schöne Bart, in edeln Formen blühend,
Um Kinn und Mund, bis wo die Wange glühend
In Kraft sich spannt, vereinigen zum Bild
Des Löwen sich; jedoch am frischen Munde
Der milde Zug, die stille Majestät,
Die von der Stirn wie Gottesfrieden weht,
Sind eines Cherubs, der hinab zur Erde
Voll Kampfes schwebt, damit ihr Sühnung werde.

Sein reich Baret umstrahlt ein Demantkranz.
Das kurze Kleid aus gold'nem Stücke ganz,
Der Purpurrock, an dem zu Stickereyen
Die reinsten Perlen sich des Meeres reihen,
Die großen Ketten auf der Brust, das Schwert,
Ein Gürtel, der kein Köstliches entbehrt
Das Indien schickt von hellgeschliffnen Steinen,
Kleid, Waffe, Schmuck, die Schuhe selbst vereinen
Sich zu der vollen, schwergedieg'nen Pracht,
Die nur der Blick, der erst im Schlummer wacht,
Des Traumes Blick, wo Luftgestalten wehen,
Im Zauberhain der Geister pflegt zu sehen.

Nun redet er.
„Der Königin der Fraun
„Ist eben erst ein Edelfalk entflogen.
„Ließ er vielleicht auf Deinem Pfad sich schaun?"

„„Der Flüchtling kam, und ist vorbeygezogen,"" —
Giebt Heinrich ihm Bescheid. — „„Dort schwand er hin,
„„Im fernen Ost."" —
„So theile den Gewinn
„Des Botenlohns, fährt jener fort. — Begleiten

„Magst Du mich wohl. Mein Amt ist Suchengehn.
„Am rechten Orte will ich nicht bestreiten
„Was ich verfehlt, und Du zunächst gesehn.
„Auch ist der Weg mir fremd, den wir beschreiten."

Nach diesen Worten wandelt er voran.
Der Jüngling folgt, und würde selbst enteilen
Dem Angebot Chriemhildens Hort zu theilen,
So fesselt ihn der hochbegabte Mann.

Wenn Liebeswink dem Sänger ward entnommen,
Der unerklärt erschienen, und verschwand,
Von diesem Halbgott muß das zweyte Pfand,
Der stolze Heldenruf der Ferne kommen.
— Des Ahnherrn Kunst war kein gemeiner Tand.

Durchs Dickicht geht es, so wie Heinrich leitet.
„Seht, — seht, — o Herr, — wie dort der Falke gleitet;"
Ruft aus der Graf. —
Ermüdet sinkt das Thier
Auf einen Baum. Der Fremde lockt. Es hebet
Sich mühsam auf. — Er streckt die Hand, — es schwebet
Ihm auf die Faust; er straft es ab; sodann
Verkappt er es, — und redet Heinrich an.

„Du, Ritter, bist zu rechter Zeit erschienen,
„Weil nur durch Dich mir diese Jagd gelang.
„Mehr als Du weißt, gewann ich durch Dein Dienen. —
„Zum Lohne nun. Wir haben kurzen Gang."

Still wie vorher gehts vorwärts. Wo sich endet
Der dichte Forst, verweilt der Fremde, sendet

Des Hornes Klang durchs quellenvolle Thal.
Fünf Edelknaben kommen auf einmal,
Und, — ist dieß nicht ein trügerisches Wähnen? —
Zu Pferd Gestalten farbenhell geschmückt,
Den weißen Turban auf die Stirn gedrückt,
Die Sichelschwerter wie zum Streit gezückt.
Ha Tag der Wunder! — Dieß sind Saracenen.
— Man führt herbey des hohen Fremden Roß.
Ein Tygerhengst. Im Schütteln, Tanzen, Steigen,
Will er den Putz in vollem Glanze zeigen.
Ein zweytes Thier für Heinrich aus dem Troß,
Von edler Art, ist gleich bereit. Es sausen
Kaum Winterstürme so wie diese Schaar,
— Stets flink voran das Leopardenpaar, —
Ihr Herr, und Heinrich, durch das Blachfeld brausen.
Doch als sie bald sich einem Wiesenplan,
Den zarte Birken rings umschließen, nahn,
Da bebt die Luft von Harmonien; — es klingen
Die Tambourins, — die scharfen Pfeifen schrein,
Das Becken gellt, — Trompetenjubel, rein
Wie Sonnenlichter die den Wald durchdringen,
Entfaltet frey dem Wiederhall die Schwingen.

Dem bunten Pfau vergleichbar, welcher ruht,
Ein Blumenbild in einer Blumenflut,
Ist eine Reih von Zelten aufgeschlagen,
Die, farbenschillernd, in die Lüfte ragen.
Ein Anblick, prunkvoll, aber seltsam froh.
— Kaum wird der Zug der Kommenden gesehen,
Tönt wilder Lärm. — Die Schaaren, welche stehen
Am Meeresstrand, und, nach der Stürme Wehen,
Der Flotte Heimkehr grüßen, jubeln so.

Ein bunt Gemisch von Knaben und Trabanten,
Zu dem das Schönste, was der Wahl sich bot,
Das Abendland, die Morgenländer sandten;
Viel holde Fraun wie Frühlingsrosen roth;
Viel edle Herrn, in Gold und Seide funkelnd,
Mit ihrem Staat ein Tulpenbeet verdunkelnd,
Sie leben lustig, wie der Mücken Zahl
Beseligt schwärmt im hellen Sonnenstrahl,
Auf diesem Schauplatz hin und wieder.
Die Banner flattern. Prächtiges Gefieder
Spannt mancher Vogel einer fremden Welt,
Ob gold'ne Schnur ihn fesselt an das Zelt,
Den Kreis, den ihm das Band vergönnt, durchschwebend,
Und hell Geschrey mit Menschenlaut erhebend.
Aus krummen Schnäbeln tönt's: „Der Kaiser kommt!"
Die Knaben, Ritter, fliegen zum Empfange,
Der Wald, die Luft erdröhnen von dem Klange:
„Heil dem Monarchen! Kaiser Friedrich kommt!"

Der große Fürst steigt ab vor einem Zelte,
Das in den Kreis man aller andern stellte.
Hochaufgethürmt, gekuppelt, ein Pallast,
Erhebt es sich, aus silbernem Damast.
Einst, vielgerühmt, an Tigris Silberwogen,
Als Prachtgeräth des Kalifates, zogen
Es Sklaven auf, von Palmen überweht.
Nun wölbet es im Eichengrün die Bogen,
Zur Sommerlust der deutschen Majestät. *)

---

*) Majestät soll hier nur Herrscherwürde bezeichnen, nicht aber einen Herrschertitel, denn dem Dichter ist nicht unbekannt geblieben, daß die Majestät in lezter Beziehung erst durch Kaiser Karl V. aufgekommen ist.

Der junge Heinrich, halbbetäubt, dem Allen
Erliegend fast, das auf sein Herz gefallen
An diesem Wundertage, kniet, und hält
Den Bügel demuthsvoll dem Herrn der Welt,
Indem er spricht, getheilt in Lust und Bangen:
„Ich bin Blandart, — wollt huldreich mich empfangen."

Da mißt der Kaiser ihn mit großem Blick.
„Du bist Blandart, — Dein Antlitz sagt es, Knabe.
„Der erste May ist heute ja. — Nicht habe
„Vergessen ich Dein wohlgeprüft Geschick.
„— Du gingest nicht in wüster Welt verloren,
„Du weiltest fromm auf Deiner Väter Flur,
„Und hast dabey der Siege gold'ne Spur
„Tief eingeprägt vor Deines Erbes Thoren.
„Heut ändert sich indeß der Sphären Stand,
„Ein Heldenruf kann sicher in die Ferne
„Dich weisen heut, — denn günstig sind die Sterne.
„— So ruf' ich selbst Dich in das wälsche Land,
„Mein Reichsvasal, — wohin die Macht ich wende.
„Dort hebet Mailand der Empörung Brand.
„— Wir bringen bald dem frechen Trotz das Ende.
„— Sey mir gegrüßt als Heldensohn. — Doch nun
„Leg Proben ab von ritterlichem Thun,
„Nicht wo die Schlacht in Todeswolken dunkelt,
„Nein, wo die Huld als Lebenssonne funkelt."

Auf weht das Zelt. In Polstern von Azur
Ist, halb umringt vom holden Kranz der Frauen,
Die Kaiserin als Herrlichste zu schauen.
Ihr Blick besiegt die Prachtgeschmeide nur
Um Hals und Brust, und in der stolzen Krone,

Die funkelnd sich aus Rabenlocken hebt.
— Ein Strahl, wie der des Regenbogens, bebt
Die Wand entlang, da sie sich schwingt vom Throne,
Mit Freuderuf in Friedrichs Arme schwebt,
Der also spricht im seelenvollsten Tone:

„Hier, Stern der Huld, bringt mein bewährtes Glück,
„Vor Zwanzigen zum Suchen ausgezogen,
„Den Falken, frech von Deiner Hand entflogen,
„Zur alten Pflicht gebändiget zurück.
„Wenn, unbedacht und sinnig, Du gebunden
„Die Haltbarkeit von unsern Wonnestunden
An den Besitz des Flüchtlings, — leistet er,
„Indem er wiederkehrt von mir gefunden,
„Für meine Treu, gezwungen selbst, Gewähr.
„— Entbind ihm jetzt des Zwecks, nach solcher Fehle,
„Glaub' sorgenlos dafür an Friedrichs Seele."

Er drückt sie an sich. — Eine Thräne floß,
Klar wie der Tropfen in des Veilchens Schoos,
Vom schwärmerischen Aug der schönen Isabelle.
Mit Lilienhänden theilet sie die Welle
Des gold'nen Bartes ihres Herrn, und drückt,
Im tiefsten innersten Gefühl entzückt,
Um seines Kusses Nectar einzunippen,
Den Rosenmund an seine Feuerlippen.

Noch in dem Kusse redet er:

„fürwahr,
„Ich muß den Dank mit einem Zweiten theilen.
„— Blandart herbey. — Hier, Dame, stellt sich dar
„Ein edler Fant, der mir behülflich war

„Das Wundenmaal in unserm Glück zu heilen.
„Ihn findend, fand ich was zur Unzeit wich.
„Den zweyten Preis erbittet er für sich.
„Dein Gnadenstern mag über ihn verweilen.“

Aufs Knie sinkt Heinrich, und die schönste Frau
Schlingt eine Spange, silberfarb' und blau,
Ihm um den Hals, und spricht:
„ich hab' erlesen
„Zum Ritter Dich, — leih' meine Farben Dir,
„Die stets der Stolz von Fürsten sind gewesen.
„Mach siegreich sie zu Worms auf dem Turnier,
„Erhebe Dich.“ —
— Er steht, — er spricht, doch Wellen
Des höchsten Lichtes, die vorüberschwellen
An seinem Blick, verwirren seinen Sinn.
Er sammelt sich zuletzt mit Mühe, findet,
Als eben klar im West die Sonne schwindet,
Sich in dem Kreise, der den Thron umschließt,
Auf welchem Friedrich, Isabelle sitzen,
Ringsher umfunkelt von des Spätroths Blitzen,
Das rosenfarb' um die Gezelte fließt.

Durch lange Reihen von Trabanten schreitet
Ein Mann herbey. — Wie wenn im Innern streitet
Ein Für und Wider, so bedächtig naht
Der Riesige, der nichts zur Kleidung hat
Als härnes Hemd. Ihm hängt am Hals ein Schwert.
Er wallet barfuß, tief in sich gekehrt.
Sein struppig Haar, den rauhen Bart, bereifet
Das Alter schon. Mit seiner Rechten greifet
Von Zeit zu Zeit die leere Luft er an,

Als fehl' ihm etwas, das er würgen kann.
Graf Heinrich sah dieß Felsenantlitz nachten
In manchen ihm zum Glück beschiednen Schlachten.
Sein Gegner ist es, Kurd von Odenwald.
Er kniet am Thron, und seine Rede schallt.

„Sieh mich als Gnadebittenden erscheinen
„Gewaltiger Monarch. — Im Grabe liegt
„Der Kaiser Otto. Deine Fahne siegt.
„Ein dauernd Glück erhöhte Dich wie Keinen.
„Ich unterwerfe mich. Ich kann nicht mehr.
„Die neue Zeit liegt auf mir felsenschwer.
„So zähle mich vergebend zu den Deinen."

Nach langem Schweigen hebt der Kaiser an:
„Der alte Feind mag ohne Furcht mir nahn.
„Die Zeit indeß ist mein, in der wir leben,
„Und soll ein Feld seyn, saatenvoll und eben,
„Wo nicht das Raubthier in dem Dickicht haust,
„Kein roher Waldbach thalverheerend braust,
„Doch fließe sonnenhell der Strom der Gnade.
„— Komm, kläre Dich in seinem Wellenbade.
„Die Reue sühnt. Doch wiss', es hat der Blitz
„In meiner Wimper seinen Schreckenssitz.
„Ein Wille nur der arg empor sich richtet,
„Die Wimper zuckt, der Frevler liegt vernichtet.
„Genug. — Herbey das Roß der Kaiserin.
„Wir brechen auf. Es scheinet uns Gewinn
„Den Frühlingsabend reisend zu genießen.
„Auch sind wir nah dem Ziele schon. — Blandart,
„Des Ruhmes Thron ist golden, — aber hart.
„— Auf Wiedersehn, wenn Deine Lorbeern sprießen."

Das Herrscherpaar schwingt eilig sich zu Roß,
Und zieht im Trab, von seiner Schaar umgeben,
In das Gedüft der Mayennacht. — Es weben
Auf grünem Plan die Knechte nun vom Troß.
In Nichts versinket das Kalifenschloß,
Da wenig Stangen man dem Grund entzogen.
So wie verrauschen an dem Strand die Wogen
Zur Ebbezeit, verschwindet Zelt auf Zelt.
Der Raum ist leer, und schweigend liegt die Welt.
Wo noch vor Augenblicken erst gefunkelt
Was alle Pracht der halben Welt verdunkelt,
Sind jetzt nur Wiese, Bäume, Wind und Thau,
Der Nachtviolenduft, das Grau
Des Frühlingsnebels. — Hörnertöne gleiten
Vom kaiserlichen Zuge nur im Weiten,
Und Heinrich steht berauschet und allein.
— War dieß ein Traum was er entzückt gesehen?
Doch es ist Zeit hinauf zur Burg zu gehen.
Der Vollmond streut den kühlen Silberschein
Auf seinen Pfad. — Die Birkenzweige flüstern.
Die Nachtigallen schlagen in dem Düstern.
Der Jüngling denkt der Assassinenbraut,
Des Libanon, des Reginald, des Zuges
Gen Mailand, und noch ungewissen Fluges
Weilt sein Gefühl bey des Monarchen Zier,
Und bey dem Ritt nach Worms zu dem Turnier.
Als spät im Schloß von seines Hauches Wehen
Die Lampe lischt des Schlafgemachs, ist er
Vom langen Sinnenrausche müd' und schwer.
Er sinkt aufs Bett, weiß nicht wie ihm geschehen.

Zweyter Gesang.

I.

Sanct Martins-Tag will dunkel niedergehen.
Die Luft ist feucht, die kalten Winde wehen
Durch den entlaubten Eichenwald.
Kein fröhlich Lied der bunten Vögel schallt,
Nur hier und dort zirpt einer, traurig-pickend
Das karge Mahl von faulem Moos und Stein.
Der Rabe krächzt, die heisern Geyer schreyn,
Den Blick nach Beute zu den Wolken schickend.
Das Volk sogar der muntern Drosseln schwebte
Zum Lichte schon des südlicheren Raums:
Die falbe Krone des Ebreschenbaums,
Die kürzlich noch der leichte Zug umwebte,
Mit fröhlichem Gezwitscher läßt von allen
Glührothen Beeren nun die letzte fallen,
Die keines Näschers Schnabel mehr begehrt.

Und später wirds. — Der kalte Nebel kehrt,
Nach langem Wogen um die Felsenglieder,
In Regenstreifen zu den Klüften wieder.
Des Rheines Lauf bezeichnet blauer Duft.
Die Dohlen kreisen in der Abendluft,
Und eilen, schwatzend in gewöhnten Weisen,
Hier Odenwalds Gemäuer zu umkreisen,
Das schauerlich aus kahlen Linden starrt,
Dort Zinn' und Thurm des prächtigen Blandart,

Das königlich vom rebenvollen Hügel
Dem Waller öffnet seiner Thore Flügel,
Des Grabens Brücke gastlich niedersenkt,
Ihm Mahl und Rast, eh noch er bittet, schenkt.

So wende denn, Gesang, die Pilgerschritte
Zum Wall empor, durch des Portales Mitte,
Denn scharfer Wind zieht ungestüm einher.
Die bunten Taubenflügel sind dir schwer
Vom Schneegestöber, das die Luft durchwittert,
Mit halbgefror'nem Regenguß vereint.
Auch wird der Strahl, der noch im Westen zittert,
Zerflossen seyn, eh noch der Mond erscheint.

Wie still der Hof! — Die schwebende Laterne,
— Dem Steinbild Rolands hängt sie von der Lanze —
Ward angezündet: — in dem bleichen Glanze
Gleicht sie dem halb von Dunst umzognen Sterne.
— Der Edelknaben Waffenspiel ist aus.
Sie fliehn vom Fechtsaal in das innre Haus.
Das Vorgemach ist ihr Gebiet, mit alten
Und jungen Fraun der Gräfin Streit zu halten,
Wer edler ist in seiner Liebe Wahl,
Ob Lancilot, ob Parceval?
Und wer im Wahnsinn würdiger entbrannte,
Der Amadis, der Ritter von Anglante? *)

Das frohe Leben endet hier. — Der Saal,
Wo sonst der Jubel des Gelags erklungen,
Liegt schweigend nun, liegt spärlich kaum durchdrungen

*) Graf oder Ritter von Anglante wird Roland von Ariost und Bojardo in ihren Gedichten genannt.

Von einer Silberampel mattem Strahl,
Der bleich an Rüstungen der Ahnen flimmert,
— Das Grabeslicht weilt passend auf Trophä'n, —
An ihren weißen Marmorbildern schimmert,
Die riesenhaft vor den Pilastern stehn.

Im nächsten Zimmer knistern helle Flammen
Des gastlichen Kamins. — Dort fand ein Paar
Sich zu bescheidenem Genuß zusammen:
Ein edler Ritter, schon mit weißem Haar,
Doch jugendfrisch; — ein Priester auch. — Sie haben
Den runden Tisch fein zwischen sich gestellt,
Den Silberkrug, mit Maaßen sich zu laben,
Der über Kohlen warm den Glühwein hält.
— Der Ritter nennt sich Gottfried von dem Thal:
Ein scharfer Degen nach der alten Art,
Der treuste Mann, der Lehn trägt von Blandart,
Der hohen Gräfin wohlgetroff'ne Wahl,
Damit im Schloß ein Herr vom Hause spricht,
Weil Heinrich fern im schönen Welschland ficht.

Der gute Mönch dient hier als Schloßcaplan.
Wenn stets von Hundert, die dem Richter nahn
Am jüngsten Tag, ein Reuiger vor allen
Den neun und neunzig, welche nie gefallen
Verherrlicht wird, so dürfte, trügt kein Schein,
Der gute Peter dermaleinst im Lichte
Sehr oberflächlich nur beseligt seyn.
Was Er gefehlt ist keiner Rede werth.
Er hat den Herrn als schlichter Knecht verehrt,
Ihn hat sein Amt, er nicht das Amt getragen.
Kein Zweifel ließ ihn an dem Heil verzagen.

Da, wenn man aß, er mitgegessen, da
Nie sich verspätet sein zu Bette Gehen,
So ist an seinem Unterkinn geschehen
Was irgend nur an einem Kinn geschah.

Zwey Herzen sonst voll milder Fröhlichkeit,
Am runden Tische, zur Novemberzeit,
Wenn draußen Nacht auf Herbstgefilden sieget,
Ein Wolkenbett den jungen Sturmwind wieget,
Ein kalter Regen an den Fenstern prasselt,
Und durch das Blech der Rinnen niederrasselt,
Wer schlösse da, — des Gleichen sich bewußt, —
Nicht auf behaglich tiefgefühlte Lust,
Auf froh Gespräch, auf helle Lebensstrahlen,
Die der entfloh'nen Tage Nebelmeer,
In Wirklichkeit an Freuden leer,
Mit Rosen der Erinnerung bemalen.
— Nichts davon hier, — denn stumm in sich geneigt
Sitzt Gottfried da, läßt kalt den Becher werden,
Der gute Mönch sieht ebenfalls zur Erden,
Wiewohl er trinkt so lang es warm, — und schweigt.

Nach jenen Thüren, die dort offen stehen,
Hebt oft der Ritter seinen Blick, es ist
Die Gräfin in dem Schlafgemach zu sehen,
Wie sie sich selbst in ihrem Gram vergißt.
Ihr Antlitz schauet alabasterblaß
Aus weißem Tuch, das dicht ihr Haupt umflossen.
Sie sitzet da, das Auge fest geschlossen,
Die lange Seidenwimper thränennaß,
Ganz regungslos: kaum zeiget sich das Leben
In ihres Busens auf und nieder Beben.

Nun schwellt ein tiefer Seufzer ihn. — Sie schlägt
Ihr Aug' empor, steht auf und geht bewegt
Hinauf, hinab, um nach dem kurzen Wallen
Erschöpft von neuem in den Stuhl zu fallen.

Da naht ihr Gottfried, den sie hoch hält, spricht
Ihr freundlich zu. Sie faßt sich schnell. — Geschlagen
Von tiefstem Weh, läßt sie die Hoheit nicht,
Den stolzen Glanz aus ihres Glückes Tagen.
Sie lächelt, winket ihm mit Majestät,
Und als er ehrerbietig vor ihr steht,
Scheint sie die mater dolorosa, welche
Den Petrus ruft zu bitterm Schmerzeskelche.
Er will den Kelch von ihren Lippen ziehn,
Die Schaale reichend, wo das Gold vom Weine
Des Lebens schäumt in edelm Perlenscheine,
Und mahnt die Mutter liebevoll an Ihn,
Der, jederzeit ein Spender hoher Wonnen,
Nun freudig reifet in des Ruhmes Sonnen:
An ihren Heinrich. — Glänzend stellt er dar
Das Herrliche, von dem er Zeuge war,
Da beim Turnier zu Worms, im jüngsten Lenze,
Der edle Fant der Fürstin Farbenpracht
Durch Sieg auf Sieg zum höchsten Ziel gebracht,
Und sich allein erfochten alle Kränze.
Wie bald darauf im kaiserlichen Heer
Der tapfre Graf an seiner Mannen Spitze,
Dem jungen Aar vergleichbar mit dem Blitze,
Die Schlacht getheilt mit niebesiegtem Speer.
Was lasse sich, da Solches zugetroffen,
Nicht von der lorbeervollen Zukunft hoffen!
Der Mutter Sehnsucht sey gerecht, — doch schuf

Ein groß Geschick dem Sohne den Beruf,
Still möge sie dem Nöthigen sich fügen,
Dem Ruhm des Sohnes opfern ihr Vergnügen.

Sie hört ihn an, dann aber redet sie,
Mit einem Ton bisher vernommen nie,
Mit einem Ton, wie wenn in ihm sich scheide
Der letzte Silberblick aus ihrem Leben,
Das Schlacke bleibt: —
„„So wird die Zwey sich heben
„„Stets herrlicher, was auch die Einheit leide.““
„O Gottfried, Gottfried! dieses Räthselwort,
„So gilt es euch; — aus meines Vaters Spruche
„Für meinen Sohn, — es reißet gleich dem Fluche
„Des Ewigen, mir meine Seele fort.
„Ich weiß die Deutung. — Lang zurückgehalten
„Muß sie zuletzt die bange Brust mir spalten,
„So wie des Baumes Wurzel, eingezwängt
„Im kecken Wuchs, das Holz des Kübels sprengt,
„Den Gärtner höhnt und seine Kunst, im Weiten
„Des freien Grunds die Fasern zu verbreiten,
„— Vernehmet denn, was, bang geahndet zwar,
„Zu meinem Heile Dämmerung mir war,
„Nun ganz erkannt in jener Worte Licht,
„Mich niederschlägt, Muth, Kraft und Hoffnung bricht,
„Und mich, so lang von Tausenden beneidet,
„Viel elender als jede Hirtin macht,
„Die, von dem Schwarm der Kinder hold umlacht,
„Im Lumpenkleid des Frohnherrn Rinder weidet.
„— Mein einzig Kind ist Heinrich nicht: — o glaubt
„Der Jammernden, — noch eins hab' ich geboren.
„Man nahm es mir, — man hat es mir geraubt,

„Und lange ging mir jede Spur verloren.
„Ihr zweifelt? — nein, — laßt enden mich.
Zur Zeit
„Als ich gebahr vergingen mir die Sinne
„Vom Schmerz zerstückt, — dann wars, nach langem Streit
„In tiefer Nacht, als ob der Tag beginne.
„Bey seliger Ermattung starb die Qual,
„Durch die das Erdendaseyn, wie der Strahl
„Durch buntes Fensterglas, gebrochen bebte,
„So daß aus Wachen sich und Schlummer webte
„Der Zwischenzustand, welcher mich umfing.
„— Welch Wonnebild, das mir vorüber ging!! —
„Mich unter Blumen fand ich, und zwey Rosen,
„Viel herrlicher als alle, schmiegten sich,
„Wie Menschen athmend, liebevoll an mich;
„Und als ich forschte nach den Dornenlosen,
„Da waren es zwey Kinder, so die Brust
„Der Mutter suchten, und mit Lebenslust
„Die Nahrung zogen. Aus dem milden Scheine,
„Der nebelartig mich umfing, erklang
„Es meinem Ohr, halb Wort, und halb Gesang,
— „„Die süßen Knaben, sie sind Deine! — Deine! —""
„Da kam der Schlaf und warf in Dunkelheit
„Die ganze Fülle meiner Seligkeit.
„— Mir war als sollt' ich schlafen nicht. — Vergebens.
„Mich zwang Erschöpfung aller Kraft des Lebens,
„Und ich erlag der todesgleichen Macht.
„Als völlig hell nach Stunden ich erwacht,
„Da ließen vor dem Bette meine Frauen
„Mich *einen* neugebornen Knaben schauen.
„„O seht, — so riefen sie, — das schöne Kind,
„„Das Ihr gebahrt. —"" — Ich riß mich auf geschwind.

„„„„„— Wohl ist es schön, — doch dieß ist nur das eine.
„„„„„Zwey Knaben trug ich. — Bringt den andern her. —“““““
„— Man schaut mich an, nicht wissend was ich meine.
„Da halt ich mich in Ungeduld nicht mehr.
— „„„„„Den zweyten will ich, — gleich. Wo bleibt denn der?
„„„„„Wer stahl ihn mir? — den zweyten will ich haben.
„„„„„Mord! Hochverrath! — wo habt ihr ihn begraben?“““““
„— Sie wissen nichts. Sie schwören auf den Knien
„Daß nur ein Kind geboren ward. — Mein Toben
„Ist jenem der beraubten Löwin gleich.
„— Ich ändre Ton, Betragen, — bitte weich.
„— Umsonst! — Da wird der Vorhang weggeschoben;
„Mein Vater start mit wildem Blick hinein.
„„Du hast ein Kind, Gott gab Dir dieß allein,
„— So donnert er: — „„Dir wurde mehr gegeben
„„Als Du verdienst. Und hätte Doppelleben
„„Dein Schooß gehegt, eins bliebe doch nur Dein.
„„Nie darf der Staub den Sternen widerstreben.““
„— Zu Boden stürz' ich. — Als die Ohnmacht weicht,
„Scheint dunkel das Vergang'ne mir, und leicht
„Wird es dem Arzte, dem ich sonst vertraute,
„Daß er mich überredet, wie mein Kind,
„Im Fieberwahn getäuscht, ich doppelt schaute.
„— Da Menschen nur die leichten Spiele sind
„Des Augenblicks, verstummt im Lauf der Tage
„Der Widerspruch. — Mein Kummer ward zur Sage.
„Zwar fehlte nie der Stachel meinem Glück,
„Doch zwang ihn oft mein heller Sinn zurück,
„Und wenn er traf, verbot ich mir die Klage.
„Da schallt empor aus blutbesprizter Gruft
„Des Vaters Wort, das mir entgegenruft:

„Eins ist der Schmerz. — Eins, Zwey sind Schmerz
und Freude.
„Wohl daß ein Paar getreten in das Leben.
„Eins büße Du, denn diese Zwey soll streben,
„So sühnet ihr verherrlichend Euch beyde."
„Nun ist gewiß was unerwiesen war:
„Das Leben gab ich einem Zwillings-Paar.
„Des Glückes Grund, von wahnerzeugten Flammen
„Tief unterwühlt, brach unter mir zusammen.
„— Wo blieb das Kind, das ich verlor? — Es büßt
„Die Herrlichkeit, die seinen Bruder küßt.
„Mein Vater, — nein, ich will, ich darf nicht hassen. —
„Hat seinem Gott verpflichtet sich geglaubt,
„Als eines er der Kinder mir geraubt,
„Das andere mir anspruchfrey zu lassen.
„Die Meinung war nicht feindlich wie die That.
„Was nicht erreicht mein Ahnen, Schauen, Wissen,
„— So nahm er an, — das könn' ich nicht vermissen.
„— — In welchem Kloster, vater- mutterlos
„Wuchs jammervoll mein armer Knabe groß?
„Den Liebe nicht in zartem Arm geheget;
„Dem nimmer du, geheiligte Natur,
„Den frühen Keim der Männerkraft gepfleget,
„Durch reinen Hauch auf deiner freyen Flur!
„— Ich hör' im Geist ihn bey des Mönchs Kasteyen,
„Jedoch umsonst, nach Rettungsengeln schreyen.
„Vom Dampf der Pest, der in den Zellen drückt,
„Sind Farb' und Glanz von seiner Stirn gepflückt.
„Sein Auge wild, im rothen Fieberschimmer,
„Tief eingesenkt in seine Höhlen, schaut,
„Nach einem Freund, dem er die Noth vertraut,
„Doch ob er auch, bey später Sterne Flimmer,

„Von Thür' zu Thür', in langen Gängen, wallt,
„Nicht klopfet er, wo rohe Geißlung schallt.
„— Er suchet — sucht, — und findet nimmer, nimmer!!
„— — Der Klause Nacht nimmt den Verzagten hin;
„Den Glauben hat er in dem Schmerz verloren.
„Der Fluch entsteigt dem wuthempörten Sinn,
„Und heult empor: — „„wer! — wer hat mich geboren?
„„Die Bärin kämpft in roher Liebeswuth
„„Um die vom Jäger angeschoss'ne Brut.
„„Nur sie, die mir dieß jammervolle Leben
„„Nicht weiß ich wo, nicht weiß ich wie, gegeben,
„„Wird von der Bärin, Wölfin, selbst beschämt,
„„Die fremdem Wurf zur Amme sich bequemt.
„„Sie hat mich fühllos, den ihr Leib umschlossen,
„„Den Gott ihr gab, in tiefste Noth gestoßen.
„„— Fluch der Verworfenen!! —""

„Halt ein mein Sohn,
„Verwünsche nicht: — hör' meinen Jammerton!! —"

„Was sprach ich aus? — Wo kam ich hin? — — Empöre
„Dich brennend Herz! — — Allmächtiger erhöre
„Den Schrey der Qual, die mit Verzweiflung ringt;
„Gieb mir ein Band, das an des Sohnes Leiden,
„An seinen Wunsch der Mutter Sorge schlingt,
„Mir Ahnung nur von seinem Schicksal bringt,
„Wie weit es auch sich hinzieht zwischen Beiden.
„Gieb mir es gleich aus gnadenvoller Hand,
„Eh dieser Geist, vom Pfeile schon durchflogen,
„In Wahnsinn stürzt, in der Vernichtung Wogen.
„— Dieß Band verlang' ich Gott, dieß Band, dieß Band!!"

So ruft die Gräfin, auf das Knie gesunken,
Den Himmel an, von Schmerzesfülle trunken.

Der Klagelaut durchbebt Gemach und Saal.
Der Mönch fährt auf, bekreuzet sich dreymal,
Als zeig' ein Geist unheimlicher Natur
In diesen Reden seine dunkle Spur.
Der Ritter fliegt, der treuen Sorge voll,
Doch weiß er nicht, womit er helfen soll.
Ein Necromant, der ein Gespenst beschwöret,
Starrt so hinaus wie nun Mathilde blickt.
„Horch! ruft sie, horch! — Der Bode wird geschickt.
„Schon spaltet sich die Nacht. — Ich bin erhöret."

Und wirklich spaltet sich die Thüre leis!
Vom dunkeln Saale kommend, wie dem Grabe
Zu Mitternacht entflohen, leichenweiß,
Mit starrem Blick gewichen aus dem Gleis,
Tritt wankend ein der Gräfin Edelknabe.

Die Lippe bebt ihm als er spricht. — „Am Thor
„Zeigt sich ein seltsam geisterhaftes Wesen,
„Malt Nacht und Ferne nicht ein Wahnbild vor.
„— Nicht giebt sich kund, wie seine Form gewesen,
„Wenn jemals Form es hatte. — Flatternd weit
„Ist sein Gewand mit dem Orcan im Streit.
„Nun kreischet es, nun winselt es in Lauten,
„Wie nimmer sie des Menschen Ohr vernahm.
„Ein niegefühlter Schauer überkam
„Uns alle, die wir von der Zinne schauten.
„Am Graben, wo die Brücke niedersinkt,
„Da steht das räthselhafte Bild und winkt,
„Und ächzt empor. — Wär' es ein Wandrer, flehend
„Um Obdach? — Nein. — Wen träfe jetzt man gehend
„In solcher Nacht? Und welcher Mensch verschmäht

„Das Menschenwort, wenn er um Hülfe fleht?
„Ein Kobold ists, der in das Schloß will. Fragen
„Läßt Ralf der Burgvogt, doch der Thorheit voll,
„Ob er die Brücke niederlassen soll?
„— Muß ich ihm nicht daß er verkehrt sey, sagen?"
„„Du sollst ihm sagen, — spricht die Gräfin fest, —
„„Daß er sofort die Brücke niederläßt.
„„Was dann hineingekommen ist, hieher
„„Werd' es gebracht. — Weg, Huldibert, nichts mehr.""

Der Page geht, und der Erwartung Schweigen,
Der hochgespannten, herrschet durch den Saal,
Der offen daliegt, durchs Gemach, im Strahl
Der düster glühnden Kerzen. — Seine Reigen
Nur pfeift der Sturm; die Wetterfahnen schreyn
Wie Todtenvögel ins Geräusch hinein
Der Schloßen, die vom Schieferdache prallen,
Dort am Altan, hier an den Fenstern schallen.
Von einem Krampf scheint die Natur befallen
In dem Gebähren des Moments zu seyn.

Der Halle Thor wird rauschend aufgethan.
Der Page kommt und weichet scheu zur Seite.
Grau, formenlos, schwebt ein Gebild heran,
Gleich hinter ihm, — durchweht des Saales Weite
Bis ins Gemach mit Blitzesflug, und eh'
Der Blick es faßt, liegt es mit lautem Weh,
Weitum verbreitend seines Mantels Falten,
Auf dem Getäfel zu der Gräfin Fuß,
Als ob der Zauber, dem es dienen muß,
Mit Regsamkeit, nur bis hierher gehalten.
Der arme Mönch, sogleich auf seinen Knien,

Halb in dem Zimmer halb in dem Camin,
Fängt, hochentsetzt, im allerhellsten Klingen,
Sein Pater in excelsis an zu singen.
Den Arm verschränkt steht Gottfried sicher da.
Sein Auge mißt das unbekannte Wesen.
Mathilde sucht in seinem Blick zu lesen,
Wie dieß sich fügt? — weshalb es nun geschah?
— Sie fassen sich. — Solch' ein Moment muß enden.
Schon eilet man das Schreckbild umzuwenden,
Und aufzurichten. —
Blut an dem Gewand!
Blut an der kleinen zartgeformten Hand!
Blut an den blonden wildzerstreuten Locken,
Die reich und herrlich fast zur Erde wehn!
Die Gräfin bebt, und Gottfried ruft erschrocken:
— „Jesus Maria! — was ist hier geschehn?
„Ward nicht ein Frevel, nicht ein Mord begangen? —
„Ein Mädchen ists, in Ohnmacht zwar befangen,
„Doch daß es selbst verletzt, ist nicht zu sehn.
„Nein, — fremdes Blut hat es befleckt."
Zu Petern
Fliegt stürmisch er, und packt und schüttelt ihn;
„Ha! bey St. Georg, — hört auf die Psalmodien
„Zu keines Frommen in die Welt zu zetern.
„Helft uns dieß Kind aus seinem Elend ziehn.

Der Mönch steht auf, naht zitternd sich, und fängt
Des Exorcismus Formeln an zu sprechen:
„Unsaub'rer Geist, in diesen Leib gezwängt,
„Flieh vor den Zeichen, so die Hölle brechen!!"
Kein Donnerschlag: — Der Kapuziner meint,
Daß Luzifer hier nicht im Spiele scheint.

Aufs Ruhebett läßt man die Fremde nieder.
Sie reget sich; ihr Athem steiget wieder;
Sie schlägt ein dunkelblitzend Aug' empor.
Die Rosenfarbe, welche sie verlor
Aus ihrem Antlitz, hebet an in Gluten
Den Lilienschnee der Wangen zu durchfluten.
Sie wirft den Mantel stürmisch weg. — Sie steht.
Ein rasches Wort, das von dem Mund ihr weht,
Wird zwar vernommen, aber nicht verstanden.
— Welch eine Schönheit völlig fremder Art,
Ist mit der herrlichen Gestalt gepaart,
Die hoch sich hebt in seltsamen Gewanden!
Sie sind von Sammt, bedeckt mit Stickereyn.
Der Zobelpelz faßt alle Borten ein.
Das Prachtgeschmeid in beyden Ohren glänzend,
Der Gürtelputz des Busens Reich begrenzend,
Ein kleiner Dolch, der in dem Gürtel blitzt,
Die bunten Schuhe, hoch emporgespitzt,
Sind keiner Weise, die bekannt ist, eigen.
Sie mustert Alle, — seufzet, — weinet laut,
Kreuzt auf der Brust die schönen Arme, schaut
Die Gräfin an, um ehrend sich zu neigen,
Stets wiederholt, — fast auf den Grund. — Bezeigen
Soll dieser Gruß, ob ihre Lippen schweigen,
Wie ganz allein der Hohen sie vertraut.
Man spricht ihr zu, man kommt mit vielen Fragen
Entgegen ihr. — In einer Mundart, die
Der Mönch, so hochgelahrt er seyn will, nie
Vernommen hat, eilt Antwort sie zu sagen,
Wobey vom Tisch ein Crucifix sie rückt,
Und es mit Inbrunst an die Lippen drückt,
Als woll' sie Gott das Unverstand'ne klagen.

Solch fromm Bezeigen rühret jedes Herz
Nur tiefer noch. Zu stillen diesen Schmerz
Hat bald ein jeder, ganz und halb gebrochen,
Was er von fremden Sprachen weiß, durchsprochen.
Es ist umsonst. Wie mans zu fassen glaubt,
Erst horcht die Fremde, schüttelt dann das Haupt,
Bis sie zuletzt Mathildens Worte mahnen
In der Provence Mundart. Sie vernimmt,
Nickt mit dem Kopf, und ihre Rede stimmt
Sich zum Gemisch der syrischen Pullanen. *)
So macht der Gräfin, unvollkommen zwar,
Jedoch verständlich, sie die Leiden klar,
Daß Räuber in des nahen Waldes Hallen,
Nur eben erst, sie grausam überfallen.
Als ihre Diener man erschlagen schon,
Sey durch die Nacht sie nur mit Müh geflohn,
Und von dem Licht der Warten angezogen,
In Todesangst bis hier ins Schloß geflogen.

Die Gräfin zürnt, und Gottfried zieht das Schwert.
„Es setze gleich die Mannschaft sich zu Pferd,
„— So donnert er. — Der Bubenschaar entgegen.
„Wir strafen, rächen, wenn wir schnell uns regen.“

Er eilt davon. Mathilde winkt ihm nach.
Jetzt mit der Fremden nur in dem Gemach,
Die neu versinkt in ihrem tiefen Harme,
Schlingt sie voll Glut ihr um den Hals die Arme.

„Wie nennst Du Dich, Du wundersüßes Kind?
„Welch Land gebahr Dich? — Eltern, Freunde sind

---

*) Pullanen waren die in Syrien gebornen Kinder und Nachkommen der ersten Kreuzfahrer. Ein entartetes Geschlecht.

„Wohl längst entschwebt zu jenen lichten Räumen,
„In die so gern wir thränenvoll uns träumen?“
— Die Jungfrau sinnt, dann ordnet, nur mit Müh',
Aus fremden und bekannten Worten sie
Der Rede Stückwerk, welcher sich vermengte
Der Seufzer oft: —
„„Maria ward genannt
„„Ich von dem Priester, dessen milde Hand
„„Mit heil'gem Wasser meine Locken sprengte,
„„Da Todesnoth den Pilgerpfad verengte.
„„Weit, weit von hier, liegt ach! mein Vaterland.
„„Noch dient ein Volk dem Fürsten, der das Leben
„„Der Dienerin des Mißgeschicks gegeben.
„„— Ich such' ein Kloster und ein Grab. —““
„Und sind,
„Auf diesem Weg zu schauerlichem Frieden,
„Erst Mutteram und Liebe Dir beschieden,
„O tiefgebeugtes schwerverfolgtes Kind,
„Darfst Du sie fliehn? —“
„„Ha! könnten sie mich fassen!““
„— Sie halten Dich, um nimmer Dich zu lassen.“
„„Ach Mutter! Mutter! hier an Deiner Brust
„„Nach langen Qualen endlich ausruhn, sterben!““
„Bist Du, mein Kind, Dir einer Schuld bewußt?“
„„Nur einer Schwachheit.““ —
„Sie wird Gnad' erwerben.
„Mein bist Du, mein denn!“
„„Schwöre bey dem Thron,
„„Deß Einheit bilden Vater, Geist, und Sohn,
„„Den Cherubim und Sphärentanz umschweben
„„In Ewigkeit, — nie Fragen Raum zu geben,
„„Weß' Stamms ich bin? – was ich erlitt? — bis ich

„„Vielleicht den Schleyer heben will für Dich.
„„— Wenn bald indeß mein Engel ruft, so dulde,
„„Daß eine Gruft verschließe sühnend mich,
„„Mein erstes Schicksal, und was ich verschulde.““

Mathilde hebt den Finger auf. — Es fällt
Die Pilgerin erschüttert ihr zu Füßen,
Deckt ihre Hand, die sie begeistert hält,
Mit Thränenströmen und mit heißen Küssen.
So faßt der Schwerbedrohte den Altar
In dem Asyl, — entronnen der Gefahr,
Die bang zurückbebt vor der Kirche Frieden.

Was sich noch fremd vor Augenblicken war,
Wird keine Schickung trennen mehr hienieden.

II.

Der Mond soll aufgehn um die zehnte Stunde.
Schon dämmert es. Der helle Silberkahn
Macht sich durch Klippen von Gewölken Bahn,
Und segelt friedlich auf dem blauen Grunde.
Der Sturm, gelähmt vom dünstelosen Strahl,
Wird, in der Wuth erstickt, zum scharfen Blasen.
Ganz klärt es sich. Die Quellen zu verglasen
Geht strenger Frost bereifend durch das Thal.

Der fernen Dörfer kleine Lichter zittern;
Nun sterben sie. Die Hunde bellen dumpf,
Weil bange sie der Wölfe Schaaren wittern,
Die gierig schleichen über Feld und Sumpf.

Das Luftgespenst, die Schreckgestalt der Sagen,
Tritt mit dem Hifthorn aus dem Nebelschloß.
Der Dunsthirsch fliegt, die Flammenmeuten schlagen
Laut gellend an: verirrte Wand'rer zagen.
— Huzza! Huzza! — die wilde Jagd ist los.

Vom Kloster dort, das vielgethürmt dem feuchten
Gedüft entsteigt, hallt Glockenton. Es geht
Ein Glänzen auf: der Kirche Fenster leuchten.
Die Mönche wallen zu dem Nachtgebet.

— Sieh da, — sieh da, — dort an des Forstes Klüften
Was schweift umher? — Ein paar von Rüden, grau.
— Sie bleiben stehn, — sie wittern in den Lüften,
Das Ohr gespitzt, und bellen dumpf Wau Wau.
Der Wiederhall bellt ihnen nach. Sie streifen

Den Pfad zurück die Wildniß zu erreichen.
Hallo! Hallo! — so raschelt nach der Wind.
Risch auf, waldein! — so brausen sie geschwind
Durch Dornenstrauch und Erlenpfuhl. Es bebet
Das Irrlicht scheu von ihrem Pfad hinweg,
Der Waldbach murrt, sie brauchen keinen Steg,
Im Trabe schnöbernd, wo der Pfad sich hebet,
Und springen freudewinselnd einen Mann,
Der tief im Dickicht auf dem Stein sitzt, an.
Wie sie zum Sprung sich wedelnd niederbücken,
Klopft seine Rechte schmeichelnd Hals und Rücken
Den Riesigen. — Doch welch Geschöpf ist Er?
Ist er ein Mensch, ein arger Spuck? der wilde
Luftjäger selbst? ein grausig Dunstgebilde?
Zum Kleide gab die rauhe Haut der Bär,
Nun von dem Reif mit Silberglanz bezogen.
Des Thieres Haupt, in Helmgestalt gebogen,
Schließt wärmend sich ihm über Kopf und Ohr.
Sein Antlitz tritt aus dichtem Pelz hervor,
Mit dem verwirrt sein grauer Bart zerfließet.
In starrgedrehten klaren Zapfen schießet
Dem langen Haargekräusel an das Eis,
Nun ein Krystall, doch müßt' es niederthauen,
Wär' dieses Mannes kühner Blick so heiß
Als grimmig leuchtend er ist anzuschauen.
Im Gürtel steckt ein Messer ihm. Bewehrt
Ist seine linke Hüfte mit dem Schwert.
Ein großer Speer liegt ihm im Arm. Zur Seite
Sind Armbrust, Bolzen, für den Kampf der Weite.

Die Hunde bellen noch einmal. — Der Mann
Beschwichtigt sie, dann schüttelt er sein Haupt,

Greift nach dem Horn, dem wilden Uhr geraubt,
Und fängt im Donnerton zu blasen an.
Der rauhe Hall tönt in die Klüfte nieder;
Der dichte Forst, die Felswand giebt ihn wieder.
Der Uhu heult, und flattert um den Baum.
Der Hirsch fährt auf von seinem Lager. Kaum
Hat neu die Wildniß nach dem kurzen Leben
In Todtenstille sich zurückbegeben,
So knarren Räder in der Ferne, — schallt
Gebrochner Zweige nahes Knistern bald.
Vier Männer führen wohlbespannte Wagen
Durchs Dickicht hin, mit Leinen überschlagen.
Der in dem Bärenfell ruft aus: „Hallo!
„Die Rüden wittern etwas in der Ferne.
„Zur Rückkehr mahnt der späte Stand der Sterne.
„Was bringet ihr denn schwerbeladen so?“

„„Nun, einen Vorrath guter Kaufmannswaaren.
„„Man hat zu Strasburg sie bereit gemacht;
„„Und wollte sie zum Main, gen Frankfurth fahren.
„„Die trägen Führer überkam die Nacht;
„„Wir scheuchten sie mit Knitteln, nicht mit Klingen,
„„Und unser wurde, was wir eben bringen.““

„Ha! wenn's das Geld nicht für den Bischof ist,
„So lohnt es nicht, daß man den Heerd vermißt.
„Sonst gab's der reichen Fänge viel, doch nun! —
„Wer fährt bey Nacht, — am Tage muß man ruhn.
„Solch Hundeleben trage wer da kann,
„Bald fang ich neu die Jagd zu Mittag an.
„Doch sicherlich, des Bischofs Mammon wird
„Von meinem Stephan seyn herangekirrt.

„Der ist ein Schelm, ein Wicht, mein eigen Blut,
„Im Kampfe trotzig, und zum Handwerk gut.
„— Wo bleibt indeß der Bube? — Gebt mein Horn,
„Ich blas' ihn her, denn fast erwacht mein Zorn.“

Der Alte bläst. Die fürchterlichen Klänge,
Sie brechen sich an Bäumen, Fels und Kluft,
Versiebenfacht im schmetternden Gedränge,
Durch welches scheltend eine Stimme ruft:

„Blast Euch, beym Teufel, nicht die Lungen aus.
„Wollt Ihr den Wolf aus seiner Hochzeit schrecken,
„Blandart erschüttern, seine Waffen wecken?
„Meint Ihr, der Knabe finde nicht nach Haus'! —“

Ein großer Jüngling steigt zum Gipfel schnell,
In dessen Zug sich Hohn und Frechheit paaren.
Ein Federhut ruht auf den schwarzen Haaren.
Sein seltsam Wams aus buntem Katzenfell
Ist goldbesetzt, sein Mantel auch. Die Binde
Giebt, vielbefranzt, zum Spiele sich dem Winde.
Als Ritter halb, halb als Bandit bewehrt,
Scheint, was er zierlich an sich hat, verkehrt,
Der höchsten Rohheit schlechtbemalte Rinde.

Der Vater spricht: — „Du weilest lang, mein Sohn.“
„„Wer thätig war, und heimkehrt, fragt sich — Schon?““
„Ward jene Summe für den Bischof Dein?“
„„Das Pfaffengeld ist ausgeblieben. — Nein.““
„War andern Fang Dein günstig Schicksal nah?
„„Das will ich meynen, alter Vater, — ja.““
„Wie? — Blut am Dolch, der Dir im Gürtel steckt?“
„„Das ist die Art des Zeuges, daß es fleckt.““

„Du weißt, es macht ein Räubermord mir Graus.“
„„Ihr aber wißt, **nichts** mach' ich **mir** daraus.““

Indessen bringen sieben Knechte,
Entmenschte Bilder wüthender Gefechte,
Von Maulthierzucht ein Doppelpaar herbey,
Hoch, breit, beladen unter bunten Decken.
Der Jüngling prahlt: — „„Nun seht, ob Euern Zwecken
„„Ich immer nicht der beste Helfer sey,
„„Denn diese Thiere tragen an Gesteinen,
„„An Gold und Perlen, solchen Schatzes Pracht,
„„Wie niemals noch die vortheilvollste Nacht,
„„So lang' ich denken kann, gewährt uns einen.

„„Wir paßten auf des Bischofs Hort. — Da kam,
„„Als eben voll der Sturm die Backen nahm,
„„Mit Fackellicht ein kleiner Zug geschritten.
„„Zwey Frauen hoch zu Roß in dessen Mitten,
„„Vier Männer bey den Thieren da, zu Fuß.
„„So beut der Luchs dem Hasen seinen Gruß,
„„Vom Baum sich schnellend, mit geschärften Krallen
„„Dem Bruder Langohr ins Genick zu fallen,
„„Als wir den Fremden, die sich nichts versahn.
„„Hey! welch ein Schreck, — welch ein Geschrey! — Die Bahn
„„Ward nun zur Diele ganz besond'rer Tänze,
„„Bey welchen Mord die Rosen gab und Kränze.
„„Die Männer setzten wüthend sich zur Wehr,
„„Und wahrlich, sie zu zwingen ward uns schwer:
„„Solch derbe Wichte hab' ich nie gesehen.
„„Von ihrer Sprache konnt' ich nichts verstehen.
„„Sie schienen ganz den Juden gleich an Bart.

„„Die spitzen Mützen, hoch, nach fremder Art,
„„Umgab aus Lämmerfellen eine Binde.
„„Sie führten Säbel schärfer als die Winde.
„„Lang war der Zuschnitt ihrer Liverey,
„„Mit Pluderhosen bis an ihre Füße.
„„Von ihnen galt ein Jeglicher für drey.
„„Daß gleich der Satan hier mich holen müsse,
„„Wenn ich nicht glaube, daß ein Mährchen nur
„„Solch Heidenpack gespien auf uns're Flur,
„„Denn, — nebenbey gestanden, schön zum malen
„„War eine Frau. Noch war das Fest im Streit,
„„Da fühlt ich schon zum Nachtisch Lüsternheit.
„„Doch, — nicht die Zeit zu tödten hier mit Prahlen, —
„„Die vier Zigeuner lagen sterbend da.
„„Schon wähnt ich mich dem Ziel der Wünsche nah,
„„Doch, vor dem Mund zerstob mir nun der Bissen:
„„Das schöne Kind war in den Finsternissen
„„Bereits entflohn. — Verdammt! — Die andre Frau
„„Zwar fing ich auf, doch war das Schätzchen grau.
„„Sie flehte jammernd um ihr armes Leben,
„„Indessen ich, dem Ingrimm ganz ergeben,
„„Stieß meinen Dolch ihr in den Nacken. Schwer
„„Da stöhnte sie, sank um, und war nicht mehr.
„„— Ihr kennt den Schlund, — ein Waldbach stürzt hinab.
„„Dort ist der Leichen ewig dunkles Grab.““

Der Alte schäumt in höchster Wuth; — es packen
Die Fäuste derb des frechen Sohnes Nacken.
— „Verfluchter Hund, — die Sünden über Dich!
„Kein Heiliger soll Dich mit Gott versöhnen,
„Der Schrey des Mords soll Dir entgegentönen,
„Schließt hinter Dir die Höllenpforte sich.

„Des Ritters Arm vernichtet nur in Schlachten,
„Und in der Noth. — Mag Unglück Dich umnachten!
„Ich fluche Dir, — Du bist mein Sohn nicht mehr.
„— Vor Tage noch magst ohne Ruhm Du fallen.
„Gott, strafe so, — mich sieh voll Demuth wallen:
„Mir zürne nicht; — Er ist der Sünder, — Er!!“

Der Vater sinkt erschöpft hinweg. — Das Lachen
Des Sohnes gellt, daß Wald und Felsen krachen.
„„Die fromme Wuth, — so höhnt er, — kommt zu spät.
„„Wer nur sein Kind gelehret, statt zu beten,
„„Die Ordnungen der Welt mit Füßen treten,
„„Und Aufruhr, Straßenraub, Gewaltthat, — seht,
„„Der muß, fürwahr, nach so beschaffnem Streben,
„„Mit einemmal nicht Litaney'n erheben,
„„Wenn das Gebräu, das selbst er eingemischt,
„„In starker Gährung aus dem Kessel zischt.
„„— Doch laßt das gut seyn. — Knappen bringt die Rosse,
„„Damit vor Tag wir kommen zu dem Schlosse.
„„Was auch geschah, so bleibt das Wort Gewalt
„„Der Reim doch stets vom Namen Odenwald.““

Sie sitzen auf; sie ziehn davon. Die Wagen,
Den Maulthierzug im Mittelpunkt. — Es ragen
Die Federn Stephans seiner Schaar voran.
Von beyden Seiten ziehen, Mann für Mann,
Die Reisigen, und Kurd beschließt, die Schmerzen
Der Vatersorge tief in seinem Herzen.
— Durch einen Paß geht ihre dunkle Bahn,
In Wendungen, um scharfe Felsenecken,
Die kahle Wurzeln todter Bäume weit
Aus halb verwitterten Geklüften strecken.

Der ebne Raum ist wenig Ellen breit. —
Und als sie still um einen Vorsprung wallen,
Da steht auf einmal eine starke Schaar.
Der Führer, kenntlich an dem weißen Haar,
Läßt laut den Ruf, — „wer seyd ihr dort?" erschallen.
Und als nun Stephan trotzig Antwort giebt:
„Was kümmerts Euch? — wir sind was uns beliebt."
Da donnert Gottfried, „Räuber seyd ihr. Lasset
„Die Beute los." — Der wilde Stephan fasset
Sein schneidend Schwert. In einem Augenblick
Ist vorn der Paß und hinten dicht geschlossen
Von Reisigen mit Lanzen und Geschossen.
Nicht abzuwenden scheint das Mißgeschick.
Der Jüngling schaut sich fluchend um. — „Ich gebe
„Nichts ohne Kampf, — so stürmt er, — weil ich lebe.
„Hinein, Gesellen, machet Bahn." —
Gefecht! —
„Hoch Blandart hoch! — Der Kaiser und das Recht! —"
Der Felsen wird von diesem Ruf geschlagen.
Der Kampf umtobet die geraubten Wagen.
Sich losgerissen hat ein Maulthier schon:
Dem Feinde nun sind alle zugeflohn.
Der alte Kurd will Kampf und Abwehr lenken,
Nach Ordnung sehn, auf einen Durchbruch denken,
Sein Volk zum Keil vereinigend. — Die Wuth
Hört kein Gebot. Des tollen Streites Glut
Hat mächtiger in Strudel ihn gezogen,
Die wild empört, so wie des Meeres Wogen
Um einen Riff in lauten Wirbeln gehen, —
Sich um den Schatz der Beute planlos drehen.
— Welch ein Getös! — Fluch, Aufruf, Waffenhall.
Hu, wie die Schwerter in dem Mondstrahl funkeln!

Die Bolzen schwirren, treffen überall,
Sie lenkt ein Todesengel in dem Dunkeln.
Nur Stephans Wort durchdringt der Stimmen Streit,
Den blutigen noch höher anzufachen,
Von welchem Panzer, Helme, Schienen krachen.
Die Rosse schnarchen, schlagen wüthend aus.
— Ihr Heiligen, Erwählten! — solcher Graus
Soll um die Zeit, da Bären, Wölfe rasten,
Den Menschen nur als Höllenfluch belasten?
— Auf, edler Gottfried! — siege für das Recht!
Auf, greiser Held! — beschließe das Gefecht!
Er steht, er schaut. Da spornt zu hohen Sätzen
Den Falben Stephan auf ihn zu. Das Schwert
Zückt er auf ihn, doch eh es niederfährt,
Weicht Gottfried aus, nach feineren Gesetzen
Der Fechterkunst; fängt auf den zweiten Schlag
Mit seinem Stahl und schickt den seinen nach.
Aus Stephans Schulter springt ein Strahl von Blut.
Der Wunde Brand verdoppelt seine Wuth,
Und vorsichtlos bekämpfet er den Alten.
„Nimm, — rufet der, — was ich Dir aufbehalten:"
Und stößt sein Schwert dem Jüngling in das Herz.
Vom Rosse sinkt in raschem Todesschmerz
Der Aechzende, — Die jammervolle Klage
Der Räuber folgt. So wie gedämpft vom Schlage
Des Zauberstabs, verflüchtigt sich die Schlacht.
— Nach wenig Augenblicken schweigt die Nacht.
Der alte Kurd ist fechtend durchgedrungen.
Die Sieger stehn vor einem Leichenhauf.
Die Wagen fährt zum Schlosse man hinauf,
Und Jubel tönt. — Es ist der Plan gelungen.

III.

In heller Rüstung ausgeschliffnem Eise,
Sein freudlos Antlitz starr, und still, und klar,
Die Strahlen so nicht wärmen um das Haar,
Die Flockenwölkchen blasend aus dem Gleise,
Durch gelben Streif bezeichnend seinen Lauf,
Tritt, spätgeweckt, der Wintermorgen auf.
Burg Odenwald mit ihren grauen Thürmen,
Ein roher Wall dem Regen und den Stürmen,
Liegt, hochbezinnt, im leichenfarb'nen Licht.
Die Glocke tönt in dumpfen Feyerklängen
Ins Thal hinab. Den steilen Berg empor
Wallt Schaar auf Schaar, und finstre Männer drängen
Sich ohne Stimmen in das offne Thor.
Der weite Hof erfüllt sich mit Gestalten,
Den bösen Geistern in der Bildung gleich,
Die sich versammeln den Senat zu halten.
Kein Zug der Menschlichkeit spricht mild und weich
Aus diesen schwarzen bärtigen Gesichtern.
Die Blicke glimmen gleich den Höllenlichtern.
Die breiten Riesenleiber sind Gestein.
Aus rauhen Lumpen, welche Kleider w a r e n,
Steigt mancher Busen, bärenhaft mit Haaren,
Die dicht und zottig kräuseln sich, bedeckt.
Die Gürtel sind mit Messern wohl besteckt.
Der Füße Nacktheit, blaugekneipt vom Winde,
Dient kalt zum Spotte der zerrißnen Binde,
Die nicht mehr zureicht für das derbe Bein.
Sie s c h e i n e n Köhler, Bauern zwar zu seyn,
Doch was sie s i n d, manch Opfer wird es sagen
Am jüngsten Tag, das sie bey Nacht erschlagen.

Sie sind die Ueberbleibsel der Gewalt,
Die vor des Rechtes Majestät geschwunden,
Des Guelfenthums entstellte Grabeskunden;
Sie sind Dein letztes Mittel, Odenwald.

Was wollen sie? Wer hat sie herentboten?
Die Burg ist still, so wie das Reich der Todten.
Sie schweigen auch, — sie schweigen wie das Grab.
Der scharrt im Sand mit seinem Knotenstab,
Der wiegt sein Haupt, als hab' er viel zu denken,
Der streicht den Bart, und scheint den Blick zu senken
In einen Abgrund, welchen er nur schaut.
— Da wird Gesang in der Kapelle laut:
Das Requiem. — Ein Murmeln regt die Menge,
So rauscht am See durch dürres Rohr der Wind.
Paar reiht an Paar sich ohne Wort geschwind,
Und in die Kirche woget das Gedränge.

Der wüste Raum, an keiner Zierde reich,
Der Höhle mehr als einem Bauwerk gleich,
Im rohen Styl der kunstelosen Zeiten,
Mit drückendem Gewölbes Wucht auf breiten
Formlosen Pfeilern, denen manch' ein Bild,
Nur halb gemeißelt, grell bemalt, entquillt;
— Der dunkle Raum, dem blinde Fenster nimmer
Ein Weiteres als ungewissen Schimmer
Vom Tageslichte gönnen, — strahlet heut
In gelbem Glanze, den ein Kreis verstreut
Von Kerzen, die rings einen Sarg umschließen,
Von dem des Grabtuchs Falten niederfließen.
Im Sarge liegt ein Ritterleichnam, ganz
In Stahl gehüllt vom hellsten Silberglanz,
Und Stephans scharfe Todenzüge ragen

Aus dem Visire, das man aufgeschlagen.
Der alte Kurd, von Kopf zu Fuß bewehrt,
Kniet an dem Sarg, vom höchsten Gram beschwert.
Die Knappen knien von beiden Seiten, singen
Das Todtenlied. — Ein Mönch im Chorgewand
Steht am Altar, das Buch in seiner Hand.
Der Weihrauch dampft, die Messeglöcklein klingen.
Die Menge neigt sich, kreuzt sich, fällt zur Erde.
Die rohen Seelen zügelt die Beschwerde
Des fremden Grams. Sie scheinen fromm. Es winkt
Der Mönch den Segen, und der Sarg versinkt.
Die Gruft der Ahnen schluckt ihn ein. Es fließet
So manches Auge, welches thränenschwer
Und wehmutsvoll gesunken nie bisher.
So wie der Stier vom Wiesenlager schießet,
Wenn Eifersucht sein heißes Mark durchfließet,
Schnellt Odenwald vom Boden nun empor.
Er hebt die Faust, und es verstummt der Chor.
Wie Berggewässer, welche Wälder brechen,
So furchtbar tosend hebt er an zu sprechen:

„Ihr Rüstigen, die meinem Trotz gedient
„Als Flammenschwerter mörderischer Schlachten,
„Ihr kühne Meuten meiner Feindesjagden,
„Noch kennt Ihr mich. — Mein Ruf, — und Ihr erschient.
„Wozu? — Bevor ich weiter spreche, schauet
„Auf Euer Haar, in Wuth und Gram ergrauet,
„Auf diese Lumpen Eurer Nacktheit Hohn.
„Der Wohnungen gedenket, abgerungen
„Den Bären in der tiefen Wildniß. — Zungen,
„So weit ihr auch der argen Welt entflohn,
„Sind in dem Blätterrauschen, dessen Ton

„Euch spottend mahnt, Ihr seyd der Acht verfallen.
„Nur der Verachtung dankt Ihr, daß Ihr lebt.
„Wenn das Gesetz den müden Arm erhebt,
„So wird des Rabensteins Gemeinschaft Allen.
„Bevor ich weiter spreche, fraget Euch
„Was Ihr den Kindern wollt zum Essen spenden,
„Wenn heim Ihr kehrt, und sie mit beyden Händen
„Um Nahrung flehn. — Nicht Beeren am Gesträuch,
„Nicht mehr ein Pilz halbgiftig in dem Moose.
„Die Schöpfung stößt Euch aus, die schonungslose.
„— Auf Männer! schafft Euch selber eine Welt.
„Werft ab die Joche, die den Nacken schänden.
„Das Steuer reißt der Ordnung aus den Händen,
„Das sie bereits halbeingeschlafen hält.
„— Ihr wollt, — ich weiß es. — Eurer Bitte Flüstern
„Erreichte mich aus Euren kalten, düstern
„Schlupfwinkeln oft, wenn Euch Verzweiflung trieb.
„— Ich wollte nicht. Die Hoffnung war mir lieb,
„Die nach den Tagen, voll des düstern Strebens,
„Mir hell erschien als Abendroth des Lebens.
„Ihr habt gesehn, — nur dießmal seyd nicht hart; —
„Ihr habt gesehn was aus der Hoffnung ward.
„Mein einzig Kind, mein Stephan liegt begraben.
„Ihr wünschtet Kampf, — wohlan, — Ihr sollt ihn haben.
„Die Brände meines Fluches auf Blandart!
„Der Krieg ist angesagt auf Tod und Leben.
„Mein Haar, dem Haupt in erster Wuth entrissen,
„Hab' ich dem Sturm als Herold übergeben,
„Er muß den Weg zu meinen Feinden wissen.
„Er hat es hingeweht. — Es zittert jetzt
„An jener Zinne, die mich stets verletzt,
„Und bald, im selbstverhöhnenden Gekrache,

„Zusammenbricht als Opfer meiner Rache.
„Hier steh' vor Euch, ein zerknirschter Greis.
„Hört mein Gelübd. So lang mein Herzblut heiß
„Des Daseyns Grimm durch meine Adern gießet,
„Laß ich nicht ab vom blutigen Gefecht,
„Bis Blandart fällt und sein verhaßt Geschlecht.
„Wenn diese Hand sich je zur Sühne schließet
„Um die des Feindes, so verdorre sie.
„Sinkt demuthsvoll mein kampfermüdet Knie,
„So sey der Grund, den es berührt, ein Feuer
„Durch Riesenzähne speyend Ungeheuer,
„Und athme mich, weil ich mir selbst vergab
„Den feigen Meineid, in den Schlund hinab.
„— Fort, Männer, fort! — Die Waffen liegen da.
„Die Guelfenfreunde wissen was geschah.
„Sie seufzen lang nach fröhlicher Befreyung.
„Ein Schritt hinaus, so lodert die Partheyung
„Viel mächtiger als man sie jemals sah.
„Der Kaiser kämpfend in Italia,
„Ganz ohne Glück. All seiner Freunde Schaaren
„Dort mit ihm theil'end Hunger und Gefahren.
„Nichts zu verlieren bleibet schlimmsten Falles,
„Doch zu gewinnen, Ihr erkennt es, Alles.
„— Sofort beginnen wir. Mit Raub und Brand
„Treff' jenes Dorfes Hütten uns're Hand,
„Dem Schutz-Blandarts am nächsten. Seine Flammen,
„Des Bunds Genossen leuchten sie zusammen.
„Dieß ist besprochen schon. Blandart auch wacht
„Vorahnend schon, und es beginnt die Schlacht.
„Fort, muthig fort! — Die Stunde nicht verloren.
„Wer eilig wagt, der wird vom Glück erkohren."

Das alte Gotteshaus, so frech entweiht,
Bebt von dem Beifallsruf der Sünder. Brausend,
Wie Mühlengang in Felsgeklüften sausend,
Geht durch das Schloß des Aufbruchs Lärm. —
Man schreyt
Nach Waffen, und gebrachte Waffen klirren.
Gewetzte Schwerter rauschen am Gestein.
Die Bolzen rasseln in den Köcher ein,
Die wohlgespannten Armbrustsehnen schwirren.
Trepp auf, Trepp unter dröhnt der Füße Tritt.
Die Knechte sinds, die schon gewappnet kommen,
Die sich zu wappnen gehn. Im Stall zum Ritt
Sind schon die Rosse bey dem Zaum genommen.
Man zieht gesattelt in den Hof sie nun.
Ha! wie sie schnauben, stolz und muthig thun,
Und wild entbrannt, in Lust davon zu jagen,
Die Funken aus den Pflastersteinen schlagen!
Der ganze Zwinger gleicht bewegter Flut,
Da Köpfe sich als Wellen senken, heben;
Und drüberhin, wie dunkle Geyer, schweben
Die halbzerfetzten Banner, roth vom Blut.
Den Burgherrn schaut man auf dem Söller stehend,
Sein hoher Federbusch der Winde Ziel,
Der dichte Knebelbart der Finger Spiel,
Und in die Menge, die sich anschickt, sehend.
Er hört den Harnisch an dem Harnisch schallen,
Die Schilde gellend an einander prallen.
Lang hält das Wort er in den Zähnen fest,
Die sich verbissen, — die sich knirschend reiben,
Bis Zornsgewitter in die Welt es treiben.
„Erschlagner Sohn, — dieß sey dein Todtenfest!"

IV.

An höchstem Rand des Thurmes von Blandart,
Dem Falken gleich, der auf den Reiger harrt,
Von dem er weiß, daß er am Forst vorüber
Vom Fischfang zieht, — lehnt Gottfried von dem Thal.
Sein Morgenkleid ist kriegerischer Stahl.
Er späht besorgt gen Odenwald hinüber,
Im Eisenarm das ritterliche Schwert.
— Da springt herauf der Page Huldibert,
Um athemlos dem kampfergrauten Helden
Der Gräfin Wort mit Folgendem zu melden.
Die Fremde, die noch in der Nacht erkrankt,
Sey fieberfrey. — Des Arztes Kunst verdankt
Sie Linderung, es folge die Beschwerde
Nur aus dem Schreck, den sie besiegen werde,
Wiewohl ihr Geist in wilden Phantasien,
Dem Lichtgebiet gesunder Kraft entronnen.
Man eile jetzt aus dem Gepäck zu ziehn
Ihr reiches Gut, den Räubern abgewonnen,
Das nur aus Perlen, Goldstaub und Gestein,
Von höchstem Werth, in kleinem Raum, bestehe.
„Doch, — setzt hinzu der Page, — mag es seyn:
„Was kümmert mich der Frauen Wohl und Wehe,
„Wenn ich das Thun der Männer nicht verstehe.
„Welch Kriegeswerk steigt unbegrüßt empor?
„Vasallen ziehn, zum Dienst bereit, ins Thor.
„Ihr selber schaut hier von dem Adlerneste,
„Wie wenn ein Feind umschließe schon die Veste."
— Im Augenblick glüht Gottfried seltsam auf.
Dieß tiefe Roth ist Widerschein von Flammen.

— „Schau, ruft er aus, woher die Sorgen stammen;“
Und fliegt hinab im sturmbewegten Lauf.
— Der Page sieht ein Rauchgewölk, sich hebend
Als Riesenpfeiler über Fluß und Hügel;
In hoher Luft verbreitet es die Flügel,
Vom Wind getheilt, die Länder überschwebend.
Tief unten zeigt es Streifen dunkler Glut. —
Der ganze Himmel färbet sich mit Blut.
Wie höher stets und flammender es schimmert,
Sind Thürme, Zinnen, Fenster von Blandart,
Wie bey der Schrecken naher Gegenwart,
Von dunkelrothem Leuchten angeflimmert.
Der Page fährt entsetzt zurück, und bleich
Eilt er hinunter in den Hof sogleich,
Der sich bereits von den gedrängten Schaaren
Zu leeren anfängt, die versammelt waren.
Die Brücken donnern von der Rosse Flug.
Die stolzen Thore gießen Zug für Zug
Das Fußvolk aus. — Die weißen Fahnen wallen.
Und Gottfried, ganz mit Eisen angethan,
Fliegt jugendfrisch der Reiterey voran.
Die Kämpfer jubeln, die Trompeten schallen.

Das Glück mit Euch, ihr Kämpfer für das Recht!
Der Sieg, Blandart, sey mit dir im Gefecht!
Fünfhundert Mann zu Fuß, zu Roß. Der Zahlen
Geringfügigkeit vermehrt des Ruhmes Strahlen.
Der Gegner dort hält gleiche Schaar bereit.
Denn, wie Lavinen, die vom Berge rollen,
Ist auf dem Zug die Mannschaft angeschwollen
Durch zwey Genossen aus der Guelfenzeit,
Hugh von der Wart, und Ott' von Felsenreit,

Die mindre Kühnheit, gleicher Sinn verbunden
Mit Odenwald, dem Leiter der Faktion,
Und, vorgemahnt, an seinem Burgwall schon
Sich zu dem Führer alter Wuth gefunden.

Nicht schneller gießt im hellen Lenzesstrahl
Der hohe Fluß die Fluten durch das Thal,
Stein, Schollen, Baum, laut rauschend mit sich führend,
Die Rückgewähr der vollen Kraft verspürend,
Als Gottfried eilt zur Hülfe durch den Gau.
Bald zeiget sich der weite Plan der Au
Von Flüchtigen bedecket, die mit Klagen
Dem Zuge nahn. — Sie kommen anzusagen
Wie Räubervolk, mit Plünderung und Brand,
Zur Gegenwehr sie nicht gerüstet fand.
In Feuer steht das Dorf; der Aether zittert
Von dumpfer Glut, die durch die Räume wittert.
Der Wind ist los, vom Brand erzeugt, und weht
In schwarzen Rauch, der sich in Wirbeln dreht,
Durch welche prasselnd Flammenzungen fahren.
In ihrem Scheine sündigen die Schaaren
Mit lautem Hohn. Der Männer letzter Streit
An eig'nem Heerd macht sich zur Flucht bereit.
Durch Aschenregen, Balkensturz, und Flammen
Trägt hocherfreut die Beute man zusammen.

„Frisch auf!" ruft Gottfried, und das Fußvolk eilt
Nun in das Dorf, die Räuber zu verjagen.
Man hört nicht fern wie sie sich wacker schlagen,
Durch keinen Blick wird dieser Dampf getheilt.
Doch weiter zieht sich in des Fleckens Gassen
Der Kriegeslärm. — Blandart muß siegreich seyn.

„Ihr Reiter, jetzt dem Treffen nach, hinein,
In beyde Fäuste nun den Feind zu fassen.“

Die vordern Plätze sind von Kämpfern leer.
Am Boden Blut, und abgeworfne Beute,
Der todt dabey, den es zu spät gereute,
Daß für die Flucht er sich belud zu schwer.
Der Rosse Flug ereilt den Kampf nicht mehr.
Das Raubgesindel ist hinausgeflohen
Nach kurzem Widerstande, mehr vom Drohen
Als vom Gefecht gescheuchet. — „Ihnen nach!
Ganz zu vollführen den bestimmten Schlag.“
Doch jenseits läßt, wo Jene widerstehen,
Für welche Flucht das Rettungsmittel war,
Ein neuer Gegner unverhofft sich sehen,
Des alten Odenwalds berittne Schaar.
Weit ausgebreitet mit den beyden Flügeln,
Deckt sie den Kamm von bäumelosen Hügeln,
Die sich verflächen eben in das Land.
An ihrem Abhang hält das Fußvolk Stand.
Die Stellung giebt den Vortheil in dem Streite,
Falls Gott nicht hilft, ganz auf des Gegners Seite.
Sein Ruf erschallt. Ein Zug von Söldnern fliegt
Die muthig Kommenden zurückzuschlagen.
Der alte Kurd will wie das Schicksal ragen,
Das nur zuletzt mit einem Schlag besiegt.
— Der edle Gottfried, welcher hier zu kämpfen
Vermieden gern, kann nicht den Ingrimm dämpfen,
Der beyderseits in hohen Gluten brennt.
Schlag dröhnt auf Schlag. Der, welcher niederrennt,
Wird von dem Umgerannten selbst durchstochen.
Schwert wird an Schwert, Spieß wird an Spieß zerbrochen.

In viele Haufen theilet sich die Schlacht.
Hier tobt und sprüht noch gute Waffenmacht,
Dort ist der Klang der Eisen schon verschollen.
Faust sind und Haupt in Streit und Widerstand.
Die Ringenden verwinden sich, und rollen,
Zum Knäul geballt, durch bluterweichtes Land.
Ein kurzer Schrey: — man sieht ein müdes Leben
Vom Tode nun, der grimmig starrt, sich heben,
Zu taumeln auf den neuen Raub. — Die Kraft
Macht Jegliches, zerstückten Lanzenschaft,
Den Stein, den Pfahl, dem Boden ausgezogen
Zum Mordgewehr; — nur müßig ist der Bogen
Des Schützen hier; — vergeblich harrt der Pfeil
In seinem wohlgefüllten Köcher, weil
Den Kampf verengt der Wirbel seiner Wogen,
In äußerster verderbenvollster Eil.
So wie das Land weit um bedeckt mit Splittern
Der Ceder ist, die trotzig den Gewittern
Die Stirne bot auf wolkenhohen Sitz,
Und nun zerstob, hinweggetilgt vom Blitz,
So liegt das Feld mit der Vernichtung Spuren,
Mit Waffentrümmern, Leichen überstreut.
Unheilig Grün, das einst der Lenz erneut,
Aus fetter Kraft der blutgetränkten Fluren!

Und schwebt kein Helfer aus der Luft hinab
Den Streit zu schlichten? — Hat das kalte Grab
Nicht Sättigung? — Nach stundenlangem Fechten
Weicht, aufgelöst, der Widerstand der Schlechten.
Da schmettert Odenwalds Trompetenschall
Und seine Reiter brausen in das Thal.
Auch Gottfried winkt, Blandarts Trompeten klingen,

Die frischen Rosse haben Windesschwingen.
Wie mürber Schnee, dem Frühlingsregen nahn,
So schwindet gleich das Fußvolk auf dem Plan.
Ein neues Schauspiel tobender Gefahr
Stellt herrlicher und schrecklicher sich dar.
Der Streithengst steigt, und schlägt erzürnt den Grund,
Wirft Schaum umher. Mit eingelegten Stangen
Wird das Turnier des Mordes angefangen.
Ein lauter Fluch erschallt von Mund zu Mund.
Wie Brandungen am Felsenwall verspritzen,
So fliegen Lanzenspähne durch die Luft.
Sie fallen hin, — doch alle Reiter sitzen,
Von dumpfem Klang erbebt die tiefste Kluft.
Die Schwerter auf, und Klingenhiebe schwirren,
Der Panzer kracht, die stolzen Helme klirren.
Roß fällt das Roß mit Schlag und Bissen an,
Und in ihr Wiehern tönt der Kämpfer Stimme.
Wort, Waffe, Faust vereinen sich im Grimme,
Dicht angeschlossen fechten Mann für Mann.
— Des Gegners Haupt soll dieser Schlag zerspalten.
Des Armes Aufschwung giebt die Stelle bloß
Wo Schien' und Harnisch nicht zusammenhalten.
Tief in die Leber fährt des Feindes Stoß. —
Der Wunde stöhnt; — vom Rosse stürzt er nieder:
Das scheut entsetzt aus dem Getümmel aus.
Zum fernen Stalle kehrt es stürmisch wieder,
Und schleppt am Boden des Gebieters Glieder,
Zerschellt, noch zuckend, vor sein eigen Haus.
Der edle Gottfried sinnt in weiser Lenkung,
Wie sich zum Vortheil das Gefecht er wende,
Doch giebt des Bodens ebne Niedersenkung
Den Vortheil ganz dem Gegner in die Hände.

Der starke Wille lebet für Blandart,
Dem Willen droht die stärkre Gegenwart.
Man will nicht fliehn, und fühlt man sollt' es wollen,
Da mehr und mehr des Nachtheils Würfel rollen.
Man kann nicht fliehn; gewöhnt an Siegesloos
Meint Jeder ihm sey die Gefahr zu groß,
Und waget nicht dem Nachbar zuzutrauen
Den gleichen Blick, um in die Noth zu schauen:
Da dröhnt auf einmal Kurds Gebieterton.
— „Verhaßter Gottfried, gieb mir meinen Sohn!"
Das Fechten stockt, als ob ein Hexenspruch
Mit Todesbann ein jeglich Leben schlug,
Und Aller Blicke sind dahin gewendet
Woher dem Ohr die Stimme ward' gesendet.
— Kurd ist bereits mit Gottfried im Gefecht.
Wem wird der Sieg, dem Frevel, oder Recht?
Denn Kraft und Kraft, sie scheinen bey den Alten
Aus gleicher Zeit, die Waage gleich zu halten.
Doch bald verstärkt ein Uebermaß von Wuth
Den schweren Fall der frevelhaften Klinge
Des Odenwald. — Ob auch der Gegner ringe
Mit feiner Kunst, und reinem Heldenmuth,
Sein Schutzgeist schläft. — Mit halb zerstücktem Schilde
Wehrt Gottfried nicht den Streich, den ihm versetzt
Aufs Schulterblatt der hocherzürnte Wilde.
Die Schiene springt, der Alte sinkt verletzt,
Mit schlaffem Arm, zu matt das Schwert zu zücken,
Von Blut umsprudelt auf des Rosses Rücken,
Und Odenwald zu dem Vernichtungsstrahl
Schwingt höhnend schon den scharfgeschliffnen Stahl,
Der Hengst indeß, den Gottfried nicht mehr zügelt,
Folgt, scheu gemacht, den Trieben der Natur.

Mit einem Satz hat er hinausgeflügelt
Den greisen Herrn aus der Gefahr. Die Flur
Trift nun der Schlag des Feindes, daß die Spitze
Des Schwertes haftet in des Bodens Ritze.
Die Knechte tragen den Gebieter fort.
Hier Klageruf, und Freudenjubel dort.
Das Guelfenvolk befeuert solch Gelingen
Die Schaar Blandarts vernichtend zu durchdringen:
Die ward indeß ein führerloses Heer.
Der tiefe Schmerz zerbricht des Ritters Speer.
Der Widerstand löst sich in Flucht. — Die Menge
Weicht, außer sich, durch eines Passes Enge,
Dem Schloß auf kaum gebahnten Pfaden zu.
Der edle Gottfried, in der Seinen Mitte,
Hemmt sie nicht mehr durch Vorwurf, Mahnung, Bitte,
Ruft schon verzweifelt: „Frevel siege Du,
„Denn Schaam und Ehre weichen von der Erde."
Da donnert plötzlich vor dem Zug ein — „Halt!"
Daß unwillkührlich stutzen alle Pferde.
Vom Felsen springt in herrlicher Gestalt
Ein Ritter, mächtig, eisenrasselnd nieder.
Schwarz ist der Stahl, bekleidend seine Glieder,
Weiß ist der Busch, des Helmes stolze Zier.
Die rasche Hand eröffnet das Visir.
Ein Schrey der Lust von Allen, denn sie sehen
Den niebesiegten Heinrich vor sich stehen.
— Ist dieses Täuschung? — ist es ein Gebild
Des leeren Wahnes? — Ficht auf dem Gefild
Nicht jetzt der Graf, das der Ticin durchfunkelt,
Der Apennin mit Schattenwurf verdunkelt?
— Und dennoch, — dennoch, — dieß ist Heinrichs Zug,
Dieß ist der Blick, mit dem er Feinde schlug.

— Ein zweytes Halt! — Dieß ist sein Ton auch. — Strebe
Denn wolkenan, du Jubelschall; — „es lebe
„Der junge Held, Graf Heinrich von Blandart!"
— Wann aber ist sein Blick so kalt, und hart,
So blaß geworden seine Jünglingswange?
Was hat den Rosenmund geschlossen so,
Als hab' er nicht, — (wie zog er sonst sich froh! —)
Der schönen Welt gelächelt, lange, — lange?
— Sein starres Schaun erkältet jedes Herz.
Von allen Lippen möcht' es keine wagen
Ihn um Woher?, ihn um das Wie? zu fragen.
— Die finst're Stirn zeigt ausgebrannten Schmerz.
Ein schwer Gewitter, welches sich entladen,
Hat auf gezognen Braunen seinen Sitz:
Nur durch die Wimper zucket noch der Blitz,
Weil Thränen fehlen, um ihn wegzubaden.
— „Flucht?" — ruft er aus in dumpfem Schreckenston; —
„Ist das der Schluß so hochgeprahlter Kriege?
„Der Feind im Rücken, dir im Aug' mein Hohn,
„Entehrte Schaar! — Ich will dich führen, — siege!"
— Auf Gottfrieds Roß das leer man leitet, schwingt
Der tapfre Graf sich. — Hocherschrocken springt
Der Hengst empor, und schnarcht, — als ob er spüre
Daß Fremdes ihn, Unheimliches berühre.
— Ein Ruf, — ein Druck von hochgewalt'gen Knien,
Der zweyte Schreck durchblitzt, und lähmet ihn.
Wie durch Magie versteinert steht der Däne,
Nur Leben noch in der gesträubten Mähne.
— Da trifft der Sporn, und was ein Marmorbild
Noch eben schien, wird neubelebt, und flieget
Mehr als es geht, dem Gegner, welcher sieget,
Und herwärts stürmt, entgegen wild.

Die Reiter folgen, mächtig nachgezogen,
Sie wissen nicht von welchem Trieb. — Der Klang
Von hundert Hufen donnert thalentlang.
Die Flut der Schlacht wirft brandend ihre Wogen
Dahin zurück, wo das Geschoß vom Bogen
Des falschen Glückes sie zur Ebbe zwang.
Hoch überrascht sieht Odenwald die Hitze
Der Wiederkehr, sieht an des Feindes Spitze
Den jungen Führer, der ihm stets geraubt
Den Siegespreis, und den er fern geglaubt.
— Doch ein Moment gehört nur der Betrachtung,
Im zweyten lodert in des Staubs Umnachtung
Schon niegesehen wüthendes Gefecht.
— „Hoch! hoch Blandart, der Kaiser, und das Recht!"
So tönt ein Ruf, dem hochgeschwung'ne Klingen
Die furchtbar klirrende Begleitung bringen.
Die Panzer brechen, Rosse stürzen, — Blut
Der Fallenden, — Geschrey der Angst und Wuth.
Wo sich am dichtesten die Schaaren strecken
Da prellt hinein der junge Held den Schecken.
Ein Paar Dämonen scheinen Mann und Pferd.
Im Kreise pfeift des Ritters Flammenschwert,
Und niederstürzt was in dem Kreise streitet.
Kein Hieb ist flach, kein Stoß verwirrt sich, gleitet,
Und in den Boden stampft das tolle Roß
Was sich ihm naht vom leichtbewehrten Troß.
Laut wiehernd setzt es über Leichenhaufen,
Die rings erhöht des Ritters Eisenfaust.
Weit schlägt es aus, indem es vorwärts braust.
Des Jünglings Stimme donnert in sein Schnaufen:
-- „Hu, greiser Odenwald, die Höll' ist los.
„Dein Bruder Teufel schmücket Dir sein Schloß.

„— Auf, auf Blandart! — Der helle Sieg kehrt wieder.
„Auf auf Blandart! — wirf Deine Gegner nieder!"
— Die Schaaren staunen. — „Welch ein Wesen spricht?
„Dieß Heinrichs Klang, und Heinrichs Weise nicht,
„Und etwas Fremdes in bekannter Stimme,
„Von wildem Stolz und niegehörtem Grimme."
— Die Krieger treibt indeß des Führers Wort.
Sein Beyspiel reißt erwägungslos sie fort.
Sie stürzen sich in ihrer Gegner Reihen,
Die, schonungslos, sie dem Verderben weihen.
Der Blick erkennt nicht Fug und Ordnung mehr.
Ein roh' Gemetzel woget weit umher,
Durchbrauset oft von reiterlosen Pferden,
Die nimmermehr den Pflegern dienen werden.
Die Flucht beginnt in jeglicher Gestalt.
Vergebens droht des alten Ritters Mahnen.
Der Guelfe zeigt die leichenvollen Bahnen,
Die tiefen Wunden, — und des Feinds Gewalt.
— Die Lezten fliehn, als ob in ihre Nacken
Die Drachenkrallen der Verzweiflung packen.
Das Feld ist leer. — Der Führer bleibet nur,
Ein Reiterbild, auf der verlaßnen Flur.
Die Sieger stehn, und ehren ihn durch Schweigen,
In seiner Haltung, ruhig, — groß.
Ein jeder wünscht von sich entfernt das Loos
Des Greises Haupt dem Tode zuzuneigen.
— Er schlägt den Helm auf, treibt den Streithengst an,
Und naht sich ernst. — Es scheint den alten Mann
Der edle Geist der Jugend zu verklären,
Die tugendhaft gewesen, frey vom Dampf
Der Niedrigkeit, bis der Parteyenkampf
So mächtig ward sein Innres zu verkehren.

„— Ich fordre Dich, Graf Heinrich von Blandart,
„Nun ritterlich, nach meiner Vater Art.“
— So redet er; — „Dich nur aus Deinem Heere. —
„Mein Weg ist aus. Mein Sohn, mein Stephan ruft,
„Komm müder Vater; Ruh gewährt die Gruft,
„Mich rächst Du nie, so rette Dir — die Ehre.“

Der kühne Jüngling schließet das Visir.
„Die letzte Ehre, ruft er, gönn' ich Dir;“
Und die Trompeten schallen, beyder Pferde
Gewalt'ger Lauf erschüttert rings die Erde.
Die Lanzen krachen, splittern weit umher.
Schwert klirrt am Schwert. — Des Jünglings Eisen wettert
Dem Greis aufs Haupt, dem es den Helm zerschmettert.
Ein zweyter Hieb trifft ihm die Scheitel schwer.
— Er fällt herab, — er zuckt, — er ist nicht mehr.
Da jubeln auf Blandarts entzückte Schaaren.
„Er ist dahin, der Urquell der Gefahren.
„Hoch! Heinrich hoch!! — Das schöne Land ist frey!“ —
— Der Sieger ruft: — „Schweigt, — eilet, — steht ihm bey.“
Und alle treibt der Wunsch heran, zu schauen
Den Sterbenden mit lustgemischtem Grauen.
Sie richten ihm das Haupt empor, dem Blut
In heißem Schwalle dunkelroth entfließet.
Sein Aug ist starr, das Feindeshand verschließet.
„So bös' er war, ihn gnade Gott! — Er ruht.
„Doch hoher Ruhm wird dessen Namen tragen
„Den Rhein hinauf zu jeder Zeit,
„Der sein Gebiet von diesem Fluch befreyt,
„Und Liedesklang wird in entfernten Tagen
„Dem Völkerfest, was er bewirkte, sagen.“
— So schließen sich die Herzen Aller auf.

Das Hochgefühl in Worten zu versenden,
Und jedes Haupt will nun zu dem sich wenden,
Der kühn gewann den blutig schweren Kauf.

— Wo schwand er hin? — So weit die Blicke spähen,
Der Held des Tags ist nirgend mehr zu sehen.
Des Reiters leer, den Hals gesenkt, und matt,
An allen Gliedern zitternd, steht der Däne,
Der weiße Schaum trieft von der schwarzen Mähne,
Die Kraft beweisend, die gelenkt ihn hat.
Des Grafen Eisenhandschuh bei dem Pferde
Liegt, wohl verstreut, vergessen, an der Erde.
Schlang Ihn die Felswand ein? — Zerfloß in Luft
Was lügend wob der wesenlose Duft?
Ein kalter Schauer rieselt durch die Glieder
Von jedem angstverengten Busen nieder.
— „Dieß war doch Heinrichs sprechend Angesicht.
„— So schien es mir, — doch Heinrich war es nicht.
„Ein Elf, ein Kobold war es, ein Alraune,
„Der günstig kam in wilder Geisterlaune.
„Nicht folgen laßt uns ihm, auch forschen nicht.
„Er liebt nicht uns, er liebet nicht das Licht.
„Der Wankelmuth sitzt auf dem Thron der Feen,
„Und wenn zu keck selbst die Beschützten nahn,
„Hetzt er beleidigt seine Drachen an.
„— Fort Brüder fort! — laßt uns von dannen gehen."

Sie heben schnell den Eisenhandschuh auf,
Und wenden sich, so rasch es geht, im Lauf
Der halberschlafften überjagten Rosse,
Dem Rhein entgegen nach dem Grafenschlosse.

Die Gräfin steht im ersten Hofe schon,
Denn Gottfried hat, noch blutend heimgetragen,
Ihr angesagt, wer diese Schlacht geschlagen.
Sie ruft: — „wo weilt mein Heinrich? — weilt mein Sohn?"
Man meldet ihr den weitern Vorgang, — reichet
Den Eisenhandschuh, welcher keinem gleichet
Von allen, die Graf Heinrich je besaß.
Sie wiegt ihr Haupt, und sinnet schweigend. — Daß
Viel fremde Wunder durch ihr Leben walten,
Sie weiß es wohl, und wird sich aufrecht halten.
— War dieß ihr Zwillingssohn? In süßem Schmerz
Und bitterer Lust fängt an ihr großes Herz,
Dem Mund die Rede nehmend, sich zu spalten.
— Sie wendet sich, — sie geht, — weiß nicht wohin,
Ist zu dem Raum, und merkt nicht wie, gekommen,
Der ihren kranken Schützling aufgenommen.
Wie Regenbogen ziehts durch ihren Sinn.
Maria sieht vor ihrem Bett die Hohe,
Den Eisenhandschuh haltend in den Händen,
Und kann den Blick von ihrem Aug' nicht wenden,
In Ungewißheit ob es kalt bedrohe,
Statt Mitgefühl und Liebe zu versenden.
— Ein Glänzendes, das aus dem Handschuh fällt,
Wird von dem Pfühl des Bettes rückgeschnellt,
Und von der Hand Mariens aufgefangen.
Es ist ein Ring, an dem Rubinen prangen.
— Sie sieht ihn an. Das Zimmer hallet wieder
Von ihrem Schrey, — sie sinkt aufs Kissen nieder.
Die Gräfin nimmt den Ring, und fällt erblaßt
In einen Stuhl. Bald hat sie sich gefaßt,
Doch zittert sie. — Die bleichen Lippen beben,

Die Hand vermag die Glocke kaum zu heben.
Das laute Schellen rufet aus dem Saal
Die Hochbetagteste der Frauenzahl,
Die treue Gertrud her.

„O, sieh gefunden
„Ist hier mein Trauungsring, der, wie bekannt,
„Bey der Geburt des Sohnes von der Hand
„Mir, niemand weiß wohin, und wie, verschwunden.
Die Worte, die Mathildens Mund entfliehen
In ihrer heimathlichen Sprache, ziehen
Die junge Kranke von dem Lager auf.
Sie fliegt herbey, mit nacktem Fuß im Lauf
Den Teppich kaum berührend.

„Nein, — getragen
„Hat Reginald den Ring in jenen Tagen,
„In jenem Land, viel hundert Meilen weit,
„Jenseits des Meers, und mir war er geweiht."
— So schreyt sie, stürzt in hartem Fall zur Erde.
„Licht will ich haben. — Pferde, Pferde, Pferde!"
Ruft aus die Gräfin, eilt im Flug hinaus.
Ein brausend Leben woget durch das Haus.
Dem Räthselhaften gilt es nachzujagen,
Der heut verschwand, als er die Schlacht geschlagen.
Die hohe Frau schwingt selbst zu Roß sich. Sie
Durch Warnen nicht, durch Flehen nicht gehalten,
Will tiefbewegt, und außer sich wie nie,
In eigner Forschung dieß Geweb entfalten.
Der schlanke Zelter, eilig wie der Wind,
Scheint ihr mit Bley belastet an den Füßen.
Ha! wie die Reisigen, die folgen müssen,
Dort felderweit zurückgeblieben sind.

Mathildens Blick, der in die Ferne spähet,
Sieht nicht die Leichen auf dem Schlachtgefild; —
Ihr zarter Leib fühlt nicht den Nord, der wild,
Und frostgeschärfet ihren Mantel blähet.
Ein Knappe spricht: „Hier war es, wo er schwand."
Der Felsenpaß biegt sich zur rechten Hand,
Da springt der Zelter hochentsetzt zur Seite.
Der Hagedorn wird in geringer Weite
Von Stahl durchblizt, vom Helmbusch überweht.
Der schwarze wunderbare Ritter steht
Am Baum gelehnt, als rast er nach dem Streite.
— „Dort ist er, — dort! —"

Mathilde springt vom Roß.
Schnell, wie der Wolken flammendes Geschoß,
Sieht staunend man sie durch die Ranken schießen,
Um, mit der Stimme seelenvollstem Ton:
„Mein langvermißter, nun gefund'ner Sohn!"
Den stillen Fremdling an das Herz zu schließen.
Doch als ihr Arm das schwarze Bild umfaßt,
Roth angeschimmert von des Abends Flammen,
Da bricht, berührt kaum von der zarten Last,
Es rasselnd unter ihrem Druck zusammen.
— In höchstem Schreck erstarrt das edle Weib.
Der leere Stahl umschließet keinen Leib,
Und log Gestalt, wie wir auf Gräbern sehen,
Vom Rost befleckt, der Helden Rüstung stehen.
Aus dem Gebüsch tönt eine Stimme nun
So dumpf und hohl: — „o laß die Todten ruhn!"
Und hörbar kaum, mit losen Geistertritten,
Kommt hoch und hehr ein schlanker Greis geschritten.
Der Silberbart, der bis zum Gürtel wallt,

Das weiße Haar um Stirn und Wange webend,
Sie zeigen ihn fast ein Jahrhundert alt,
Jedoch der Leib, so königlich sich hebend,
Des Auges Blitz durch dunkle Wimpern bebend,
Sind edle Zeichen männlicher Gestalt.
Als Pilger halb, und halb als Troubadour
In langes Kleid gehüllt, die Harfe tragend,
Stellt Zeit und Ort ihn wunderbarer nur
Der Dame dar auf dieser Leichenflur.
— Lang sieht er sie, die Saiten leise schlagend,
Mit räthselhaften Blicken an. Sein Mund
In sanftem Ton, halb liebevoll, halb klagend,
Giebt seinen Sinn in diesen Worten kund.
„Laß ruhn die Todten, denen, aufgeschichtet
„Vom Sturm der Schlacht, dieß Ehrenmahl errichtet
„Die fromme Hand. — Beym Herrn! — sie fochten gut,
„Und sollen nicht als Nachtgespenster schweben,
„Weil ihrem Staub der Ruhm kein Pfand gegeben,
„Weil Lieder fehlen ihrem Heldenmuth."

„Du bist die Gräfin von Blandart. — O laß
„Mich einmal nur in Deinen Blicken lesen.
„— Wie schön Du bist! — wie königlich Dein Wesen!
„Und dennoch Deine Wimper thränennaß?
„— O wohl dem Sohn, der tröstend wegzuküssen
„Dieß Perlenlicht sich gönnen darf! — Es müssen
„Selbst seine Leiden Himmelswonnen seyn.
„— Du suchst den Sohn. — Dich täuschte nur ein Schein.
„Der Kämpferleib, den dieser Stahl umschlossen,
„Kam aus dem Nichts, ist in dem Nichts zerflossen;
„Und folg' dem Morgen bis ans fernste Meer,

„Du suchst umsonst, Du findest ihn nicht mehr. —
„O wende Dich von nichtigem Verlangen
„Um freudiger was Dein ist, zu umfangen.
„— Dein edler Sohn, Dein Heinrich, sieget fern
„Für seinen Ruhm in Wälschland, für den Herrn.
„Der junge Held hat kaum sich abgekehret,
„So wird die Flur im Rücken ihm verheeret.
„Die nächste Pflicht ruft nach der Heimath ihn.
„Die Frevelschaaren, welche heute fliehn,
„Sind nur für heut, für morgen nicht geschlagen,
„Und werden bald den neuen Angriff wagen.
„Mit Odenwald fiel die Partey noch nicht.
„Die böse Zeit bringt neues Haupt ans Licht.
„Graf Heinrichs Schwert muß wieder drohend funkeln,
„Dann stirbt der Keim des Aufruhrs in dem Dunkeln,
„Der sonst als Eiche zu den Wolken schießt,
„Und Todesnoth aus allen Blättern gießt.
„— So sicherlich die Sonne, — deren Gluten
„Den Niedergang mit Purpur überfluten, —
„Zu morgen jung dem hellen Ost entschwebt,
„So sicherlich kehrt Heinrich heim, und hebt
„Das Siegspanier, eh' seine Rosenflügel
„Der Frühling senkt, eh diese Rebenhügel
„Das dunkle Grün des Weines überwebt.
„O gönne mir das Botenamt zum Sohne. —
„Beym Ewigen auf seinem Strahlenthrone,
„Kein zweyter lebt so selbst vergessen treu.
„Ein Zeichen nur, das ihm bekannt ist, lege
„Mir in die Hand, und so beglaubigt, rege
„Mein Wort ihn an. — Verbanne jede Scheu."
— Die Gräfin, streng in ungetrübter Klarheit,
Mit Kopf und Herz in stetem Gleichgewicht,

Sieht fest ihn an, forscht wie sie mag, und spricht:
„Du mischest seltsam Traumgedüft und Wahrheit.
„Die Wahrheit lieb' ich, Räthsel lieb' ich nicht.
„Nie fordert es, dem Schimmer nachzuziehen,
„Der gastlich lockt, um trügerisch zu fliehen.
„Zu schwer bin ich, um durch die Luft zu schweifen,
„Zu stolz gesinnt, dem Schicksal vorzugreifen,
„Doch klugem Wort neigt willig sich mein Sinn.
„— Die Kette hier als Zeichen nimm sie hin.
„Dem Sohne gieb dieß Kleinod, das er kennet,
„Thu Jegliches was klug Dein Mund benennet,
„Und wiß dabey, daß stets ich dankbar bin.
„— Doch noch ein Wort; — wer bist Du?"
Thränen rinnen
Vom Aug des Greises in des Bartes Wogen.
Die Wange scheint ihm dunkel angeflogen,
Und also redet er nach kurzem Sinnen.
„Nichts bin ich mehr, und ob ich etwas werde,
„Liegt als ein Saamenkorn im Schoos der Erde.
„Die Sonne dringt zum Schoos der Erde nicht,
„Und Jeglicher hat die besondre Pflicht,
„— Nur einmal laß mich Deine Rechte küssen.
„Mein Weg ist lang, — dieß wird die Müh versüßen."

Er faßt die Hand, drückt an die Lippen sie.
Tief seufzet er, und sinket auf das Knie.
Dann springt er auf, steht hoch und herrlich wieder,
Sieht noch einmal Mathilden schmerzlich an,
Stürmt mächtig fort, als hüb' ihn ein Gefieder.
Der späte Nebel decket seine Bahn.
Nur von den Felsen rauschen weit, und weiter,
Die Harfentöne, seiner Fahrt Geleiter.

Die Dame schweigt, und schickt den festen Blick,
In dem sich Schauer und Befremden malen,
Dem Alten nach, dann mit den letzten Strahlen
Kehrt sinnend sie zur hohen Burg zurück.

Dritter Gesang.

I.

Hinaus, o Lied, aus deinem Heimathsthale,
Wo, still beglückt an deutschen Stromes Rand,
Die Sage dich der reichen Vorwelt fand,
Und sich getheilt, bey mildem Abendstrahle,
Der zauberisch durchs Grün der Eichen fiel,
In bunte Reih'n von Elfen, deren Spiel,
— Ob strenge Pflicht der Thorheit widerstrebte, —
Dich nachgelockt, wie durch den Wald es webte,
Von Busch zu Busch, von Ziel zu Ziel.
So zieht ein Volk von bunten Schmetterlingen,
Den Knaben fort, mit fangbereiter Hand,
Durch Saatenfeld und blumig Wiesenland:
Nun fliegt es hoch, nun senkt es sich, in Ringen
Sein Haupt umkreisend, bis er, lächelnd matt,
Am Teiche steht, und — nichts gefangen hat.

Hinaus o Lied! — die luftgebor'nen Heere
Mit ihren Rossen, Fahnen, Kriegesklängen,
Sie führten dich zu Felsen, die das hehre
Gewog des Stroms zum wilden Bach verengen,
Der zürnend rauscht; — zu Bergen, welche ragen
Um Donnerwolken an der Brust zu tragen,
Wenn hochgezackt, blau, rosenfarb und weiß,
Die Stirne krönt ein tausendjährig Eis.
— Da steigen sie der Sonnenbahn entgegen.
Wohin? — wohin? — sie sind hinüber schon,
Den wunderbaren Reichen zugeflohn,
Die jenseits blühn. —

Nur ihnen nach! — Es zittert
Dein Herz, o Lied, dir in der weichen Brust.
Ermanne dich. — Wo der Orcan gewittert,
Da brauset auch der Quell der höchsten Lust.
— Du steigst, — du schwebst, erleuchtet, kraftbewußt,
Und als dein Flug den Gothard übergleitet,
Welch herrlich Land liegt unter dir verbreitet?
Mit Lorbeerhainen, Ulmenreihn,
Um welche, Kränze bildend, rankt der Wein,
Mit Klöstern, Städten, Domen und Pallästen,
Mit Pinienwäldern um erhabne Vesten. —
— Ha schönstes Land, das je die Sonne sah,
Dem Südwind frey, vom Apennin durchzogen,
Vom Silberschaum geküßt der Doppelwogen,
— Sey laut gegrüßt, — Italia!
Die gold'nen Kuppeln spiegelt dort im Meere
Venezia der Fluten Königin.
Verona prunkt; — „ha seht wie schön ich bin!"
— Wer aber nennt die Thürmereiche, Hehre,
Weit ausgebreitet, schlösservoll gebühnt,
Von feenhafter Gartenwelt umgrünt?
— Sie heißet Mailand, — Nährerin der Heere.
Jedoch hinweg! —
Ein Leuchten neuer Pracht
Geht auf im Thale, meilenweit verbreitet,
Durch das der Oglio zwischen Binsen gleitet,
Und eine Scheidung zweyer Läger macht! —
Nur zweyer Läger? — Zweyen Städten gleichen
Die riesigen. — Nicht kann der Blick erreichen
Im fernen Blau das Ende dieser Reihn.
Wie tausend Dächer, spitzgeformt, aus Leinen,
Sich aneinander ragend schließen, scheinen

Sie, schnell erstarrt, ein wogend Meer zu seyn.
Nur hundert Bänner, welche flatternd schweben,
Sie bieten dar ein farbenvolles Leben,
Das über dem Bewegungslosen weht.
Und gold'ne Kugeln, welche von den Spitzen
Der höchsten, herrlichsten Gezelte blitzen,
Sind Sternen gleich, auf reinen Schnee gesät.

Das Lager rechts erfüllen Friedrichs Schaaren,
Vom großen Kaiser angeführt, im Glanz
Der höchsten Macht auf Erden, die den Kranz
Der Strahlen webt um Mühen und Gefahren.
Die deutschen Fürsten sind mit ihrem Herrn.
Was wehrhaft stand in Deutschlands milden Auen,
— Fürst, Mann, und Knecht, — ist hier vereint zu schauen,
Und tausend Helden stehen Stern bey Stern.
Der ganze Schwarm der wälschen Ghibellinen
Schwellt furchtbar an das kampfbereite Heer.
„Wer leitet sie?" — man giebt nur Antwort: „Er!"
Und jeder weiß, man meinet, — Ezelinen.
Er, — aus Romanas mächtigem Geschlecht,
Das bloße Wort nur kennend von dem Recht,
Der Feinde Geißel und der Freunde Grauen,
Der es verstand durch List und wilden Muth,
Das Steuer fassend der Factionenwuth,
Sich Fürstenmacht in Friedrichs Gunst zu bauen, —
Führt eine Schaar, den Leoparden gleich
An Uebung, Tücke, Blutdurst, Zierlichkeiten,
So wohl geschickt mit Gift und Dolch zu streiten,
Als im Gefecht mit guten Schwertes Streich.
Die Großen all der Trevisanermark,
Mit Reisigen mehr als fünftausend stark,

Sind prunkend hier, weil Ezelin nicht fehlet.
Der Städte Volk, durch manchen Kampf gestählet,
— (Der Städte, wo, dem edeln Kaiser lieb,
Die Treue fest am deutschen Reiche blieb,)
Kam rüstig auch, prachtlos, doch wohlgewählet.
Vicenza, Padua, Mantua sind da.
Nie zählt man Reggio, Parma, zu den Schlechten.
Cremona gab was tauglich zu Gefechten,
Und jede Stadt schickt ihren Podesta. *)
Der stolze Prunk sicilischer Barone,
Der Lehnsvasallen von dem Königsthrone
Der Hohenstaufen, paaret seltsam sich
Mit Saracenen, die dem Kaiser dienen,
Und nie mit ihm so zahlreich noch erschienen.
Dieß ist die Macht, durch welche Friedrich denkt
Den Aufruhr der Lombarden zu vernichten,
Die Guelfen sich, dem Reiche, zu verpflichten,
Dem Geist vertrauend, der die Völker lenkt.

Das Lager links kann in den breiten Gassen
Die Fülle kaum der lauten Guelfen fassen,
Die Freyheitstaumel Leidenschaft bewehrt,
Und jener Stolz, der nur sich selbst verehrt,
Der, gleich bereit, nach Tugend und Verschulden
Hochlodernd greift, nichts über sich zu dulden.
Ob dieses gut, ob nützlich sey, — gleichviel:
Es liegt im Weg, es stellt sich vor das Ziel.

---

*) Podesta hieß in den lombardischen Städten der Anführer der Kriegsmacht. Er wurde durch Wahl bestimmt. Man wählte aber niemals einen Eingebornen der Stadt, sondern einen Fremden, und glaubte, dadurch die Freyheit zu sichern.

Die Städte, die vom Bunde sind, verlieren
Sich in dem Ganzen *nicht*, das man erblickt.
Gesondert stehn in einzelnen Quartieren
Die Rüstigen, so jede Stadt geschickt.
Den ersten Platz behaupten *Mailands* Schaaren,
Weil Mailand Lenkerin des Bundes ist,
Die, vielbesiegt, doch nimmer in Gefahren
Ihr altes Recht voranzugehn vergißt.
Im Viereck leuchten doppelt die Gezelte;
Der Mittelpunkt ist das des Podesta,
Dem ein Geräth man gegenüberstellte
Wie solches *hier* allein das Auge sah.
Vergoldet ganz ein riesenhafter Wagen,
Den durch die Schlachten weiße Stiere ziehn.
Aus seinem Schoos sieht einen Mast man ragen,
Der Gonfalon der Stadt umflattert ihn.
Und über dem zeigt im Gigantenbilde,
Von Glanz umstrahlt, sich St. *Ambrosius*, *)
Als ob er segne Schaar und Kampfgefilde.
Hoch in der Luft ist, als des Mastes Schluß,
Ein *Kreuz* zu sehn, das unerreichbar funkelt,
Ob dichter Staub tief unten auch verdunkelt
Den Plan der Schlacht. — Es bindet Mailands Ruhm
Sich unablöslich an dieß Heiligthum.
Caroccio, so nennt man es, nicht zagen
Wird, — wie der Feind auch drängen mag, — das Heer,
So lang es sieht das Kreuz am Pannerwagen
Die Strahlen senden durch das Aethermeer.
Fünfhundert Söhne adlicher Geschlechter
Sind des Palladiums Schützen und Verfechter.

---

*) Der Schutzheilige von Mailand.

Gajardi nennt sich ihre Kompagnie.
In gleichem Schmuck der Waffen strahlen alle.
Sie knüpft ein Eid, dem Feind zu lassen nie
Den Stolz der Stadt, ob auch der letzte falle.

Bologna schließet sich an Mailand an.
Der zweyten Macht der zweyte Platz. Es zeigen
Dann sich Plazens und Brescia mit Reigen
So wohlgeübt als zahlreich. Piemont,
Das sich am Fuß der Alpen fruchtbar sonnt,
Gab seinen Adel und die Zier der Städte.
Ja Thuscien, Ligurien durchwehte
Der glühende Sirok des Aufruhrs. Sie
Versandten noch so gute Streiter nie,
So tapfres Volk, als hier sich eingefunden
Zu neuem Trotz, zu neuen Todeswunden.

Im Kaiserlager geht ein scharfer Hauch,
Der Ehrerbietung fordert, weise Stille,
Vom Angesicht des Herrschers aus: dem Brauch
Wird unterthänig der bewegte Wille.

Im Guelfenheer wird anderes geschaut.
Kein sichtbar Haupt, von Majestät umgeben,
Drückt nieder hier das wildbewegte Leben,
Deß hoher Strom sich sinnverwirrend, laut,
Den langen Tag durch die Quartiere gießet,
Und kaum zu Nacht in Rausch und Schlaf zerfließet.
Ein kleiner Vorfall, welcher nicht gefällt,
Regt auf den Strom zu fürchterlichen Wogen.
Man tobt um nichts, als gält es eine Welt,
Und nur mit Müh' wird dieser Trotz gebogen.

Solch ein Vulkan erhob sich heut, und brennt.
— Was fehlt dem Volk, das, völlig ausgelassen,
Mit Flüchen stürmt durch alle Lagergassen,
Den Waffenplatz Milanos wild durchrennt,
Und nicht das Zelt des Podesta verehret?
So tobt die Flut, vom Beben aufgeregt
Trinacriens, wenn zornig sich bewegt
Der Riesensohn, den Aetnas Wucht beschweret.
„Hervor, hervor! — der Podesta hervor! —
„Sonst wird sein Zelt, er mit dem Zelt zerrissen.
„Warum die Schlacht verschoben wird zu wissen
„Verlangen wir?"
So fragt der tolle Chor.
Der Podesta kommt waffenlos. Es thronet
Auf seiner Stirn der Frieden, doch bewohnet
Ein Heldenherz, das Furcht nicht kennt, die Brust.
Sein Wesen, mild, doch seiner Kraft bewußt,
Giebt einen Mann, bestimmt allein zum Großen,
Auch ist er groß, ja fürstlich selbst, entsprossen.
Graf Ticpolo, — viel nennt der Ruhm ihn schon.
— Er ist Venedigs, und des Dogen Sohn.

Dem Rosse gleich, um welches Hunde bellen,
Wie mitleidsvoll aus seiner Mähne Wellen,
Es obenhin auf solche Feinde sieht,
So stellt der Graf, der keinem Sturm entflieht,
Sich höhnisch fast den Lärmenden entgegen.

„Ihr möchtet wissen, redet er, weswegen
„Die Schlacht verschoben worden? — Mann für Mann
„Trebt ihr gewiß schon manchem Feind zu Paaren.
„Laßt mich nur, wie man schlagen soll, erfahren,

„Und seyd gewiß, — wir greifen heut noch an.
„Der Kaiser steht vom Strom gedeckt, — am Rücken
„Der Hügel herrschend über Thal und Fluß.
„Das Wasser hat nicht Flächen, Furthen, Brücken,
„Und jeden Bau wird Feindesmacht erdrücken.
„So lehret mich, was da geschehen muß?"

Mit offnem Munde starrt das Volk, im Schweigen,
So wie die Gaffer, die versammelt stehn,
Des klugen Gauklers Taschenspiel zu sehn,
Wenn er verhieß ein Wunderwerk zu zeigen,
Und eine Maus nur läßt vorübergehn.
Ein Murmeln folgt der Ueberraschung. — Alle
Sie wollen klug seyn im besondern Falle,
Jedoch es bleibt bey meinungslosem Schalle,
Weil Jeglicher bekennet, in der That,
Hier wisse selbst all sein Verstand nicht Rath.
Doch strebest du, den Pöbel zu bewegen,
So reitz' ihn erst, und mach' ihn dann verlegen.
Viel duldet er, doch die Beschämung nie.
Kann unbemerkt er dann zurück nicht schleichen
Mit tiefem Groll in seinem Herzen, — sieh,
So raset er, durch Frevel auszustreichen
Den Fleck der Schmach. Du Schmähender, entflieh.

Das Murmeln wächst zu tobendem Gebrülle,
Wie Stiere rasen in des Zornes Fülle.
„Die Führer sollen denken, und nicht wir,
„Die hergekommen, eilig zu vollbringen.
„Der Frühling naht, wir ohne Vortheil, bringen
„Drey Monden schon der Trägheit Opfer hier.
„Zu solchem Zaudern sind wir nicht bereitet.

„Wenn Feldherrnklugheit nicht durch uns're Kraft
„Die Deutschen, eh drey Tage fliehn, bestreitet,
„Und die Barbaren von der Erde schafft,
„So mag der Kaiser Mailand neu verheeren,
„Weil wir sofort nach unsern Häusern kehren."

Mit diesem Wort zerstreut die Menge sich,
Laut eifernd noch, in viele Schaaren, welche
Zu den Quartieren bringen volle Kelche
Des Uebermuthes. — Wenn der Tag verblich
Im Herbste sieht man so, nach langem Kreisen,
Den Krähenschwarm mit klagendem Geschrey
Sich vielfach sondern, jegliche Partey
Nach eigner Wahl in andrer Richtung reisen.
Der Podesta, sobald das Lager schweigt,
Schickt Boten aus, — wiewohl der Tag sich neigt,
Und Abendnebel schon die Berge baden, —
Zum Kriegesrath die Führer einzuladen.
Sie kommen all, doch stellt sich offenbar
Ein Ueberdruß auf jeder Stirne dar.
Als Mitternacht den schwarzen Schleyer breitet,
Da sieht man erst, wie jeder heimwärts schreitet,
Von Heftigkeit verschied'ner Meinung roth,
Die hörbar selbst sich in der Ferne bot.
Noch weiß man nicht, worüber sie verkehren,
Jedoch Geduld, der Morgen wird es lehren.

II.

Die lange Nacht ist finster. Keine Sterne;
Kein Mondesschimmer in der Wolkenferne.
Durch tiefes Schweigen rauscht des Oglio Flut.
Die beyden Läger schlummern. Flackernd scheinen
Wachtfeuer nur, die hier und dort vereinen
Im Wellenspiegel die getrennte Glut.
Die Wachen nur, den Schlummer abzuwehren,
Sie necken rufend ihrer Feinde Macht.
Manch' lauter Spott fliegt zwischen beyden Heeren
Dahin, daher, durch die verschwiegne Nacht.
— Da wird es hell im Fernen, Hohen, Dunkeln.
Sinds Meteore, deren Glanz erhebt
Das Rabenschwarz, aus dem die Luft sich webt?
Nein, — Alpengipfel sind es, welche funkeln,
Vom ersten Licht des Morgens übermalt.
Ihr ew'ger Schnee, gefärbt im Grenzenlosen,
Zeigt einen Kranz der reinsten Flammenrosen,
Da Horn bey Horn, und Spitz' an Spitze strahlt.

Dem Ufer nahen hörbar aus der Mitte
Des Kaiserlagers Waffenrauschen, Tritte.
Das ist der Wächter Ablösung. — „Wer da?“
So schallt es scharf gedehnet fern und nah.
Der Nebel wälzt sich, seine Riesenglieder
Vielfach gestaltend, in die Tiefe nieder.
Des Hintergrundes matterhelltes Grau
Steigt nach und nach zum tiefen Aetherblau.
Die Wolke zieht auf loderndem Gefieder.

Der Morgenstern sieht auf die Flucht der Nacht,
Hell, wie das Kind, das froh vom Schlaf erwacht.

Doch ob im Glanz sich alle Gipfel tauchen,
Als Brandaltäre, die dem Höchsten rauchen,
Das tiefe Land bedeckt noch Dämmerung,
Die, bey der Morgenlüfte kühlem Wittern,
Der neuen Sonne Boten schon durchzittern,
Was lebet fordernd zu der Huldigung.
— Der Sarazene fleht dem Ost entgegen,
Und wäscht sich gläubig Hand und Angesicht.
Die Frühmett' klingt, es giebt der Mönch den Segen,
Der vor dem Heer im Freyen Messe spricht.
Das Lager woget. Tausend Stimmen schallen
In vieler Länder Wort. — Sich grüßend wallen
Zum großen Platz, auf welchem, hochgeschwellt,
Beflaggt, gekuppelt, steigt das Kaiserzelt,
Die Fürsten, Ritter, Söldner. Eingerissen
Scheint jede Schranke, die geheiligt war.
Ein Trieb vereint die vielfach bunte Schaar,
Die müßig geht; — sie möchte Neues wissen.
— Welch' gute Zeit! — Es wird der Wunsch erfüllt.
Vom Kaiser kommt ein brauner Mann, gehüllt
In Lumpen ganz. Ein Edelknecht geleitet
Ihn ehrenvoll. Den hält man in dem Lauf,
Als er zurück zum Herrscher flattert, auf.
Erst thut er wichtig und geheim, erzählet
Dann Jeglichem, ohn' daß er prüft und wählet,
Ein Späher sey gewesen jener Mann.
Der Aufruhr theile die Lombardenschaaren.
Bald werde das Gewaltige gethan. —
— Mehr konnte nicht der Schmetterling erfahren,

Er stäubt hinweg, weil drinn das Glöcklein klingt.
Erwartungsvoll zerstreut das Volk sich. Alle,
So hoch als niedrig, sind im gleichen Falle,
Nicht rathen könnend, was die Zukunft bringt.

Am andern Ufer scholl ein frühes Regen,
Doch glich es nicht den Rüstungen zur Schlacht.
Ein Schifflein kreuzt den Oglio; — habet acht! —
Doch segellos, und nur mit Ruderschlägen.
Ein Herold drauf macht weiß ein Fähnlein los.
Die Botschaft meldet der Trompetenstoß.
Nun wird das Räthsel mit der Hand man fassen.
— Das Ufer frey! — man muß sie landen lassen.

Es ist Graf Tiepolo, so groß und still,
Als ob er kommt, nur weil er kommen will.
Die Consuln Mailands hat er an der Seite.
Sie bitten um ein friedliches Geleite
Zum Kaiser hin, dem man sie melden mag,
Und ohne Frist, weil dieser große Tag
Das Regelmaas den künftigen bereite.

Ein Pannerherr muß mit der Botschaft gehn.
Er kehrt zurück. — Der Kaiser will sie sehn.
— Durch Kriegesvolk, und weite Lanzenhallen
Läßt absichtsvoll man die Gesandten wallen.
Ein tiefes Schweigen herrschet weit umher.
Nichts reget sich: — verzaubert scheint das Heer.
Die Kaiserpfalz, still wie das Haus der Todten,
Doch prachtumstrahlt, eröffnet sich den Boten.

Das Vorgemach zeigt einen Höflingsschwarm:
Ein Blick des Herrn macht ihn beglückt und arm.

Graf Tiepolo nimmt ihn bequem. Doch schauen
Die beyden Consuln bürgerstolz hinein
In dieß Geschlecht. Es ist der ernste Schein
Der eignen Kraft, in dem sie sich erbauen.

Der Vorhang theilt sich rauschend, — wie vom Blitz
Ein Wolkenmeer zerrissen weichet. —

Prangend,
Mehr Strahlengold verbreitend, denn empfangend,
Zeigt sich der Saal des Hofes. — Auf dem Sitz
Glänzt der Monarch mit seiner Kaiserkrone.
Sein Perlenmantel fließet auf den Grund.
Ein strenger Ernst macht seine Stirn zum Throne.
Kein Lächeln spielt um seinen stolzen Mund.
Der Fürsten Halbkreis ordnet sich im Rücken
Des reichen Stuhls. Dem Herrn zur Seite steht
Ein langer Mann in grünen Waffenstücken,
Die vor der Brust zwey gold'ne Greife schmücken.
Sein Auge, das sich schielend, rastlos, dreht,
Wirft auf die edle Form des Angesichtes
Die halbe Richtung eines schiefen Lichtes,
So daß der Bildung aller Halt entgeht,
Um zwischen zwanzig Larven, — zum Erkalten
Der kühnsten Brust, — ein Wechselspiel zu halten.
Wie Wolkenbilder, die vorüberziehn,
Sind List, Hohn, Wuth und frecher Stolz zu schauen
Auf seiner Stirn. — Ein Jeglicher, mit Grauen,
Stöhnt in sein Innres, — „Ezelin!! —"

Die Abgesandten neigen sich zur Erde.
Der Kaiser winket, daß gesprochen werde.

Graf Tiepolo, der unerschrockne Mann,
Hebt würd- und ehrfurchtsvoll zu reden an.

„Zu lang, o Herr, sind die berühmten Gauen
„Italiens der Schauplatz höchster Wuth.
„Zu viel schon floß, die Fluren zu bethauen,
„Aus Feindesadern brüderliches Blut.
„Lebt nicht ein Gott in diesen Kampf zu schauen,
„Und scheidet Frevel von dem Heldenmuth? —
„Sey gütig, Herr, damit wir Rechnung halten
„Um unser Gut vom Deinigen zu spalten."

„Die Majestät ist Deines. Wer erhebet
„In Osten sich, wenn Morgenathem weht,
„Scheint in die Welt, damit sie neubelebet
„Von tiefer Rast der dunkeln Nacht ersteht?
„Sie! — welcher huldigt, was da wallt und schwebet,
„Des blauen Weltalls Strahlenmajestät;
„Sie! — prachtumwogt, mit sich nur zu vergleichen,
„Als Fürstin herrschend in den Sternenreichen."

„Den Menschen sich, — was ist es, — welches Walten
„Der Zauberkraft, das ihn zum König macht
„Von hunderttausend stärkern Thiergestalten?
„Es ist der Seele Majestät und Macht.
„— Was hilft dem Leun des Waldes Thron zu halten?
„Die Majestät die Herrscherin der Schlacht.
„All überall geht Sie voran. Beginnen
„Der Thorheit wärs, Ihr Beugung anzusinnen."

„Doch haben wir Dein heilig Gut erwogen,
„In tiefster Demuth ehrend seinen Glanz,

„Nun geben wir auch unser Schiff den Wogen,
„Sein ernster Schmuck ein frischer Eichenkranz.
„Mag unser Gut, — wär nimmer es entzogen! —
„Sich künden hier, in Kraft und Willen ganz.
„Nicht wirst Du, Herr, nach seinem Namen fragen,
„Der Freyheit Lied stimmt zu Monarchensagen."

„Wohl mag im Blau der Gott des Tages siegen,
„Wer lehrt den Aar, der Bliß aus Federn ist,
„Der Flammenspur des Wagens nachzufliegen?
„Die Freyheit nur, die niemals er vermißt.
„Dem Menschen nützt, doch darf ihm nicht erliegen
„Der Thiere Staat, gehegt durch Muth und List.
„Der Löwe beugt durch eines Blickes Glänzen,
„Doch sezt er nicht des Waldes Freyheit Grenzen."

„So Majestät nur prangend zum Verschönen,
„So Freyheit blühend, um verschönt zu seyn:
„So Majestät, verherrlichet in Tönen,
„Zum Wort der Freyheit die Musik allein.
„Wo beyde sich im Wechselspiel versöhnen,
„Da schwimmt die Welt in stetem Frühlingsschein,
„Der Friede kommt mit seinen Aehrenkränzen,
„Die Werkstatt rauscht, der Künste Tempel glänzen."

„Weh diesem Land, daß nur in fernen Tagen,
„Die Nebelsternen gleich im Weiten stehn,
„Zu Janus Zeit, — dem Morgenroth der Sagen, —
„Es solch beglückend Wechselspiel gesehn.
„Vom Räuberpaar, das Rheas Schoos getragen,
„Fängt Zwiespalt an, und ein zerstörend Wehn
„Zwingt Latium dem Geyer Roms zu dienen,
„Brennt nun im Kampf der Guelfen, Ghibellinen."

„Wer recht gethan, und welcher sich vergangen
„Im Anbeginn, und nun, nicht forschen wir.
„Die schlafen längst, so wüthend angefangen,
„Aus ihren Gräbern ragt das Blutpanier.
„Wir stehen nur mit blaßgehärmten Wangen
„O Herr! — als Erben ihres Kampfes hier.
„Und flehen laut in unserm Klageliede
„Tief aus dem Herzen, — Friede! — Friede! — Friede! —“

„Wer konnte sonst durch kaiserliches Walten
„Aus Majestät und edler Freyheitsglut
„Der hohen Eintracht Sphärenlied gestalten? —
„— Kein Einziger! — Nicht gnügte Heldenmuth.
„Die Waage kann kein Eisenhandschuh halten.
„Die Palme wächst nicht in des Nordwinds Wuth.
„Der deutsche Wald hat Riesen zwar gesendet,
„Nicht den Augustus, der das Schicksal wendet.“

„Da sproß ein Keim der Transalpiner-Eichen
„Am heißen Fuß des Aetna grün ans Licht.
„Er prangt ein Baum, mit keinem zu vergleichen,
„Deß deutscher Stamm Italiens Reb' umflicht,
„Von dessen Felsenkrone man die weichen
„Goldäpfel Ennas mit Entzücken bricht.
„Du bist der Baum, o Herr, von Licht umflossen,
„Aus Deutschlands Kraft, aus Wälschlands Glut entsprossen.“

„O winke denn, damit die Schuld vergeben,
„Damit vergessen werde was geschah.
„Der Kaiser, dem das Seine wird gegeben,
„Bleib als ein Vater uns'rer Freyheit nah.

„Dann wird ein Bild von Seligkeit sich weben,
„Wie nimmer noch ein sterblich Aug' es sah.
„Der Schöpfer selbst, er sandte den Verbinder,
„Blickt segnend auf den Vater, und die Kinder."

So spricht der Graf. — Ein langes Schweigen waltet,
Nur Ezelin streicht seinen rothen Bart,
Bis seinen Mund ein Tygerlächeln spaltet.
— Des Kaisers Antlitz zeigt sich kalt und hart.
Nach mildem Wort scheint er umsonst zu sinnen.
— Nun hört man ihn mit festem Ton beginnen.

„Ich tadle nicht von dem, was Du gesprochen
„Den wahren Sinn, — doch ist mir wohl bekannt
„Wie jeden Schwur sofort Ihr habt gebrochen,
„Wenn Euer Trotz den guten Anlaß fand.
„Kein Glauben mehr, wenn Ihr in Noth versprochen.
„Euch lenket nur ein zuverlässig Band.
„Ich web' es nun. — Kommt her, um es zu holen
„Nach vierzehn Tagen. — Damit Gott befohlen."

Er winkt zu gehn, und mit erstarrten Zügen,
In denen Wuth sich, Ueberraschung malt,
Gehn Mailands Boten schweigend ab. — Es trügen
Nicht Hoffnungen; — sie weichen, sind bezahlt.
Nie darf ein Lied aus frommer Brust das Treiben
Der aufgebrachten Pöbelwuth beschreiben,
Das sie bey düstrer Heimkehr dort empfängt.
Der Podesta, — kaum sicher, — schwer bedrängt, —
Vermag zuletzt das rasende Bewegen,
Doch nur einstweilen, beyzulegen.

Ein Schicksalstern hebt sich am Firmament
Der zwischen beyden Lägern mahnend brennt,
Der nächsten Zukunft Ordnung zu bestimmen.
„Drey Tage Zeit:" durch dieß Gesetz bedingt
Wird Jegliches, das sein Erscheinen bringt.

Das Guelfenvolk, im äußersten Ergrimmen,
Beschließt drey Tage noch zu warten nur
Vereint, bewehrt, hier auf des Oglio Flur,
Und ohne Schonung wieder heimzugehen,
Wenn nicht indeß ein großer Schlag geschehen.
Der Kaiser in die Spaltung eingeweiht
Durch viele Spåher, welche Kunde bringen,
Spricht in dem Rath: — „nur noch drey Tage Zeit,
„Dann lößt der Feind sich auf im eig'nen Streit.
„Der letzte Schlag auf Mailand muß gelingen."
Und Ezelin beschwört den Schein herauf,
Der oft ihm half im zweifelhaften Lauf.
Das ganze Heer muß schwelgend sich gestalten,
Als woll' es hier noch viele Monden walten
In Fröhlichkeit und Ueberfluß.
— Die Krieger speisen, zechen an dem Fluß
In sicherm Stolz. Die finstern Gegner stehen
Am andern Ufer, diese Lust zu sehen.
Ihr Mangel nähret ihren Ueberdruß.

Der zweyte Tag im Ghibellinenheere
Tritt vollends auf, als ob er schon gewähre
Das Siegsgepräng vor der geschlag'nen Schlacht.
Kaum ist er klar und sonnenhell erwacht,
So hämmert man die Schranken zum Turniere.
Der Söller steigt, damit ein Thron ihn ziere.
— Bald ziehn die Ritter stolz geschmückt einher.

Der Kaiser kommt, von seinem Hof umgeben.
Von Kriegsmusik muß Thal und Wald erbeben.
Das Spiel beginnet königlich und hehr,
Mit solchem Glanz, so würdigem Bezeigen,
Daß drüben selbst die Hocherzürnten schweigen,
Und ein Behagen, heimlich, unbewußt,
Vom bloßen Anschn schleicht in jede Brust.

Wer ist der Prächtigste vom deutschen Trosse?
Der schlanke Held auf dem hispan'schen Rosse?
Sein Wappenrock, der in dem Winde rollt,
Ist heller Scharlach, reich besetzt mit Gold.
Ein Phönix ist im Nest darauf zu sehen,
Aus dessen Flügeln Sternensunken wehen.
Die Schärpe prangt in hellem Silbergrau,
Vielfach durchflammt von tiefem Himmelblau.
Er muß den Sieg, wenn er sich zeigt, ereilen.
Auf seiner zierlich kräftigen Gestalt
Scheint Friedrichs Auge zärtlich zu verweilen.
Den letzten Preis des Kampfs erringt er bald.
Der Beyfall tönt, — die krummen Hörner klingen.
Man eilt, den Sieger vor den Thron zu bringen,
Auf dem der Kaiser freundlich winkend harrt.
— Die Menge ruft: „Hoch lebe Graf Blandart!"
Der Wiederhall scheint vierfach nachzuleben,
Als Friedrich den, der längst sein Liebling ward,
Mit Vatergunst an seine Brust gehoben.
— Heil Heinrich Dir! — Wie glüht Dein Wangenpaar!
Wie glänzt Dein Blick in hoher Lust! — Doch Wehe!
Dein böser Geist umwaltet Deine Nähe:
Du strauchelst kaum auf Deiner glatten Bahn,
So faßt er Dich, und macht Dich unterthan.

— Ha grauser Hohn des Schicksals! — Im Erreichen
Der höchsten Wonnestaffel lauscht der Feind,
Der unbemerkt beym Siegesfest erscheint,
Im Buch des Glücks den Sieger selbst zu streichen.

Im Guelfenvolk wird Heinrichs That erschaut.
Die Schaulust hat die Herzen aufgethaut,
Will unbemerkt zur Stimme sich erheben,
Da fängt ein Bube Tücken an zu weben.
Er ist aus Mailand: Odo von Rozint,
So mißgestalt, als pöbelhaft gesinnt,
Doch hochgeachtet von der niedern Menge,
Die leicht er lenkt durch freche Redeklänge.

„Seht, wie die Knechte des Tyrannen sich
„In ihrem armen Sklavenhochmuth brüsten.“
— So redet er. — „Will einen es gelüsten
„Sie tief zu kränken, biete Mittel ich.
„Den Zorn des Kaisers, ihren, will ich steigern,
„Daß sie gewiß die Schlacht uns nicht mehr weigern.
„Und sind sie mehr, als zu vermuthen, hart,
„So hol' ich euch den Grafen von Blandart,
„Der eben dort in vollem Sonnenscheine
„Der Eitelkeit, der Hofgunst sich erhebt.
„Ihr wißt, wie sehr der Fant uns widerstrebt,
„Wie viel der Kaiser auf ihn hält. Er prahlet
„Als der Monarchin Paladin,
„Die für, Gott weiß welch' Liebesdienstchen, ihn
„Mit einem Bändchen um den Hals bezahlet.
„An diesem will ich ihn hinüberziehn.
„Dem Kaiser kann nichts Aergeres geschehen
„Als seinen Freund vernichtet hier zu sehen.“

Dieß geht man ein, und es erscheint alsbald
Ein frecher Zug, der nach dem Ufer wallt,
Im vollen Angesicht der Ghibellinen.
Ein Affe, ganz von Goldpapier umblizt,
Der, und verkehrt, auf einem Esel sizt,
Wird vorgeführet. — Mit des Spottes Mienen
Folgt ihm ein Herold, welcher ruft: — „O seht
„Wie nach Milano bald der Sultan geht,
„Dem heute viel beschnitt'ne Wichte dienen."

Ein Schrey der Wuth geht durch des Kaisers Heer.
„Kampf heißt es, Kampf! — nun keine Schonung mehr!"
Doch Friedrich lacht: — „Des Faschings Lustbarkeiten
„Mag jeder frey, so gut er kann, bereiten."
Der Grimm nicht dürfend, was so gern er will,
Wächst an zum Krampf. Rings wird es todtenstill.

Ein zweyter Zug folgt, frecher noch beschaffen.
Ein scheuslich Bild von einem Weibe schwebt
An einer Stange, die man schwenkend hebt.
„Da seht die Sultanin von euerm Affen:"
So jauchzet toll der Guelfenpöbel. — „Strebt
„Doch Isabellen Ehrfurcht zu verschaffen."
Den Ghibellinen, halb vom Zorn erstickt,
Entgeht das Wort; auch mögen sie nicht wagen
Den Rachewunsch noch einmal vorzutragen,
Der tygerwild aus allen Augen blickt.
Von seinem Sitz hat Friedrich sich erhoben.
Erst flammt sein Aug', — als ruf es Gott, — nach oben,
Dann kehrt er es von jenem Bild nicht ab,
Als woll' er tief in seines Busens Engen

Das Uebermaas der bittern Kränkung drängen,
Einst doppelt rückzugeben, was man gab.

Da ruft der Herold von der andern Seite:
„Bekämpfer Mailands, — Schnecken in dem Streite,
„Herr Odo von Rozint dieß Spiel ersann.
„Ehrt euer Lager wirklich einen Mann
„Als Paladin der Kaiserin, auf Lanze
„Trägt ihm Herr Odo nun den Zweikampf an.
„Stellt er sich nicht zu solchem Waffentanze,
„So zeigt er sich der Frauengunst nicht werth,
„Zu uns hinüber send' er Schärp' und Pferd,
„Damit wir euch, den Niedrigen zu schänden,
„Den Affen da mit seinem Schätzchen senden."

Kaum trifft dieß Wort des jungen Heinrichs Ohr,
So brauset er, nichts achtend mehr, hervor,
Die große Lanze schwingend, beyde Flanken
Des Rosses stachelnd mit der Spornen Gold,
So daß der Hengst hoch überfliegt die Schranken,
Und wiehernd bäumt, da wo der Oglio rollt.

„Der frechen Rede will ich Antwort geben, —
Ruft wüthend er. — „Die hohe Kaiserin
„Gab ihre Farben mir, als Paladin
„Weih, sie zu rächen, ich mein Blut, mein Leben."

Und in den Fluß zwingt er sein Roß. Es schwimmt,
Des Reiters Lust, den argen Feind zu schlagen,
An jenes Ufer hinzutragen,
Nicht minder, als der Reiter selbst, ergrimmt.

Des Kaisers Stimme donnert nach: — „verwegen
„Enteilest Du den Pflichten, junger Fant.
„Bey meinem Zorn, zurück, sofort ans Land,
„— Hör' den Befehl. — Du gehst dem Tod entgegen."

Umsonst dieß Wort. Das Feindesufer schlägt
Des Jünglings Streithengst schon mit ehrnen Hufen.
Im Sattel hoch, den Speer zum Kampf gelegt,
Steht auf der Gegner, welcher ihn gerufen.
Der Deutsche fährt erbittert auf ihn los.
— Ein Staubgewölk verhüllt den Plan. — Es sinket.
Der Guelf entwich geschickt dem Lanzenstoß,
Nun sieht man ihn, zum Wald, der schattig winket,
Gewendet fliehn auf windbeschwingtem Roß.

Der Gegner sezt ihm nach in höchster Eile.
Die Ghibellinen lachen laut der That,
Die Guelfen auch. — Der Kaiser spricht: „Verrath!
„Entschädigung im ewiglichen Heile
„Gieb, Jesus, dem, deß zeitlich Ende naht!"

Im Walde schon, wo keine Pfade sind,
Jagt der Getäuschte; — dicht vor ihm Rozint.
In Heinrichs Fluch läßt er sein gellend Lachen,
Wie Jubelklang der bösen Geister krachen.
Nun, wo die Bahn ein Felsgeklüft verschloß,
Wirft er herum sein schaumbedecktes Roß,
Pfeift, daß es gellt. Aus den Gebüschen springen
Zehn Knechte gleich mit hochgeschwungnen Klingen.
In Heinrichs Zügel greift des einen Hand,
Neun packen ihn. Nun ist er übermannt.
Mit lautem Spotte reißet von dem Pferde
Den Ueberraschten nieder man zur Erde.

Eh noch an Hülferuf er denken kann,
Ist seiner Rüstung er beraubt; umwunden
Sind Arm und Hand, — am Rücken festgebunden.
Man läßt ihn niederknien auf dem Plan,
Ruft: „bete, — stirb, — es ist um Dich gethan."
Schon blizt das Schwert geschwungen, das zerschneiden
Den Lebensfaden soll; — da rufet: „Halt!"
Der ältere Verruchte von den Beyden,
Die hier befehlen in dem Hinterhalt.
„Was frommt sein Tod? Rozint, mir will es scheinen,
„Wir thäten weiser, wenn den Ritter hier
„Wir leben ließen. Ihn, des Reiches Zier,
„Wird man zu theuer nie zu lösen meinen.
„Wenn wir gefangen halten ihn im Schloß,
„Das mein ist im Gebirg, das kein Geschoß,
„Und keine Mannschaft je vermag zu brechen,
„So können wir, — wenn auch der Kriegsgott hold
„Den Feinden wird, uns, außer vielem Gold,
„Vergebung von dem Kaiser noch versprechen."
— „„Beym Lucifer! — das hast Du wohl bedacht, —
Ruft Odo, — „„führt den jungen Herrn von hinnen,
„„Und nehmet ihn im Kerkerloch in Acht.
„„Ich aber will das beste Spiel beginnen.
„„Denn seinen Schmuck der Waffen leg' ich an,
„„Zu zeigen mich den Guelfen, Ghibellinen.
„„Daß ich erschlug den Grafen, meld' ich ihnen,
„„Ein Siegeskranz ziert meinen Namen dann,
„„Und wenn dereinst den Vogel los wir geben,
„„So weiß ich wohl mit andern Garn zu weben.""

Durchs dichte Holz führt man den Jüngling ab,
Ihn lebend zu verschließen in ein Grab,

Von allen sonst, nicht von Rozint begleitet,
Der eilig zu dem Rückweg sich bereitet.
In Heinrichs Waffenschmuck von blauem Stahl
Beginnet er gemächlich sich zu kleiden,
Doch währt es lang; — nicht endet er, am Strahl
Der wohlvertheilten Zierden sich zu weiden.
Den reichen Helm zu setzen auf das Haupt
Eilt er entzückt zur nächsten Felsenquelle,
Sich spiegelnd dort, indem den Busch er schraubt
Zum höchsten Stand, in ihrer glatten Welle.

Wie sehr gefällt er sich! — Es hat Narciß
Den eignen Reiz nicht zärtlicher gesehen.
Das gute Schwert nur mangelt noch, und dieß
Will er sofort vom Gras zu holen gehen,
Auf das er es gelegt. —

Er wendet sich:
Da halt, — was schaut er? —

Hoch und königlich
Lehnt an dem Schwert, das seine Rechte fasset,
Ein fremder Greis von mächtiger Gestalt,
Dem Haar und Bart, zu Silber schon erblasset,
Im Wellenschlag bis zu dem Gürtel wallt.

Kaum hat Rozint ihn mit dem Blick umflogen,
So wird erkannt ein alter Minstrel, der
Ins Guelfenlager, niemand weiß woher,
Gekommen ist, und singend es durchzogen.

„Gieb mir das Schwert:“ herrscht ihn der Ritter an.
„„Ring mir es ab, sofern Du bist ein Mann.

„„Deins lieget dort: — geh, — nimm es, — laß uns fechten,
„„Und so den Streit entscheiden nach den Rechten.
„„Soll ich im Kampf der Sieggekrönte seyn,
„„Wird mein dieß Schwert, — die Rüstung obenein.
„„— Dein Löwenfell hat viel zu lose Falten,
„„Um, was Du scheinen möchtest, zu gestalten.““
— Im Donnerton giebt so der Greis Bescheid.
„Unseliger! — dieß darfst Du sagen?“ schreyt
Nun Odo, greift nach seinem Stahl. — Die Klinge
Pfeift in der Luft, so wie des Todes Schwinge,
Des Alten Haupt zu spalten; aber der
Springt jugendfrisch zur Seite. — Heinrichs Degen
Schnellt er dem Eisen des Rozint entgegen.
Der Guelfe wankt, wie von gefeytem Speer
Berührt, gelähmt, indeß der Geist der Schlachten
Im Angesicht des Greises scheint zu nachten.

„„Hallo, Hallo! — so jubelt er. — „„Gefecht!! —
„„Guelf nicht vom Platz, bewähre Dich als ächt.
„„Das Schwert Blandarts nahm mich zum Anwalt. Zage,
„„Denn hochverderblich wird Dir seine Klage.““

Rozint vermag nicht mehr zu fliehn. Die Welt
Ist hinter ihm, und vor ihm sind die Grüfte.
Sein Leben wankt, ein Licht im Hauch der Lüfte,
Scheint, wie die Hand des Gegners steigt und fällt,
Verloren schon. —

Er strebet sich zu halten
Durch Fechterkunst; — er sucht zu schaden; — ach!
Die Hoffnung sinkt, mit ihr die Hand, zu schwach,
Wo Kraft und Wuth vereint entgegenwalten.

— Ist dieser Greis ein Necromant? — Merlin?
Geht dieses zu mit rechten Dingen?
— Ein Talisman mag Zauber nur bezwingen.
Kein Sohn des Staubs kann mit Dämonen ringen.
— „Genug, genug! — Erbarmen Paladin!
„Wie soll ich sonst Dich nennen. — Dir ergeben
„Will ich besiegt mich selber, und mein Leben.
„Verschone mich." — So ruft Rozint, und kniet,
Wirft weg das Schwert.

Der Räthselhafte sieht
Mit scharfem Hohn auf den Besiegten nieder.
„„So lebe denn, entkleide Deine Glieder,
Erwidert er. — „„Mein ist der blaue Stahl.
„„Der Krähe ziemt nicht ein geraubt Gefieder.
„„Du bist gefangen, — folgst nach meiner Wahl,
„„Siehst nimmermehr das Licht der Freyheit wieder.""
Der Guelf gehorcht. Bald steht er waffenlos.
„„Leg mir den Harnisch an;"" befiehlt der Alte.
Sein Mantel fällt. In Weiß, und ohne Falte
Gekleidet, ragt er aufrecht, stolz und groß.
In jeder Muskel scheint sich Kraft zu brüsten;
Der Busen strotzt von freudiger Gewalt.
Rozint ist bang beflissen, ihn zu rüsten.
In Heinrichs Schmuck prangt dieser Fremde bald.
Und als der Guelf, den Helm ihm aufzusetzen,
Zum Feindeshaupt den Blick erhebt, — wie schwer!
Da schreyt er auf, und wanket im Entsetzen.
Nicht Bart, nicht Silberlocken sieht er mehr.
Er sieht, — bevor noch seine Worte sagen,
Was ihn entsezt, wird klingend zugeschlagen
Des Feindes Helm, — ist Odo, wild erfaßt,

Mit einem Strick, verstreut hier vorgefunden,
Am Vorderbug im Sattel festgebunden,
Des eig'nen Rosses jammervolle Last.

Auf Heinrichs Streithengst springt der fremde Ritter,
Nimmt Odos Zügel führend in die Hand,
Und jagt mit ihm entlang der Felsenwand,
Thalaus, waldein, wie Sturmwind und Gewitter.
Sie kommen auf höchst unwegsamen Pfad,
Eh noch die Frist der Stunde halb verfließet,
Zum Oglio, der durch eine Schlucht sich gießet,
Die senkrecht fast dem Wasserspiegel naht.

Im tollen Ritt sezt hier hinab der Sieger,
Reißt den Besiegten lachend hinterdrein,
Der, — schwach als Mensch, und schwächer noch als Krieger, —
Den Wald erfüllt mit seinem Zeterschreyn.

Die Rosse schwimmen durch die lauten Wellen,
Am andern Ufer schütteln bald die hellen
Flutperlen sie von Mähnen und von Schweif.
— „Auf, tapfrer Hengst, — befiehlt der Fremde, — greif
„Nur lustig aus, und bring uns zu den Deinen.“

Schon will der Wald gelichteter erscheinen;
Nun endet er im Vorholz, und — sieh da,
Das Ghibellinenlager lieget nah,
— Von seiner linken Seite zwar, — verbreitet
Auf grünem Plan, durch den die Welle gleitet.

Die Ritter sehn den Sieger. Ueberall
Steigt wolkenan der Freude Sturmeshall,
Und hundert ziehn rechts, links, auf allen Wegen,
Mit Brudergruß dem Kommenden entgegen.

Der Paladin eröffnet das Visir;
Er neiget sich mit adelicher Zier.
Rozint schaut auf in höchster Spannung. Stehen
Hier alle nicht, gleich ihm vorhin, erstarrt?
Nein, — keineswegs, der Sieger, den sie sehen,
Ist niemand sonst, als — Heinrich von Blandart.

Der Kaiser, der den Kampfsplan nicht verlassen,
Sieht hocherstaunt die laute Menge nahn,
Den bleichen Odo schleppend durch die Bahn.
Der Fremde kniet, um Friedrichs Kleid zu fassen,
Das ehrerbietig an den Mund er drückt,
Indem er spricht:

„es lieget, Herr, entzückt
„Dein treuer Lehnsmann hier zu Deinen Füßen.
„O zürne nicht, daß, einer Pflicht entrückt,
„Er hat der andern dienen müssen.
„— Wenn Jovis Zorn, den Du zum Urbild hast,
„Im Reich der Luft erwacht in Donnertönen,
„Und ein Gewölk zwey Stürme wild umdröhnen,
„Da wirbelt es in Nichtigkeit: — — gefaßt
„Von zweyen Kräften, legt der Mensch die Last
„Des Amtes ab, und folgt dem Ruf des Schönen."

Der Kaiser staunt, dann spricht er streng und hart.
„Du vor mir Kniender, bist Du Blandart,
„So küsse gleich dieß Kreuz an meinem Degen.
„Wenn aber Trug Du webest, werd' entführt
„Dein falscher Geist, sobald Dein Mund berührt
„Dieß Glaubenspfand, ohn' Priestertrost und Segen."

Sein golden Schwert hält Friedrich ihm entgegen.
Die Fürsten, Ritter, welche dienend stehen
Um den Monarchen, treten hin und sehen
Dem so Bezweifelten ins Angesicht.
— Er ist Blandart, — und ist es wieder nicht.
Die Stirne sein, von Lockengold umflogen;
Das Auge sein, mit hochgewölbten Bogen;
Sein jeder Zug, — das Grübchen selbst im Kinn.
Doch diesem Aug entblizt ein andrer Sinn.
Durch Heinrichs Wimper schien im milden Lichte
Des Friedens und der Unschuld Doppelkraft.
In diesem Blick brennt wilde Leidenschaft.
Die Rose blüht auf Heinrichs Angesichte.
Das Wechselspiel auf diesem Wangenpaar
Von Lilienblaß und dunkeln Röthen, kündet,
Wie hoch der Kampf, im Innersten entzündet,
Emporgebrannt, — wie schwer besiegt er war.
— Um Heinrichs Lippen floß des Frühlings Milde,
Die Blüten streut auf Fluten und Gefilde.
Der Mund hier zuckt von Regungen, die nie
Das Gleichmaas, scheint es, finden können. — Wie
Der ebne Fluß sich zu dem Wasserfalle
Verhält, so paßt zu Jenem Dieß sich. Alle
Sind zweifelhaft; — sich selbst nicht glauben sie.

Der Jüngling aber, nicht verwirrt, nicht bange,
Küßt an dem Schwert die reich verzierte Stange.
Frey hingestellt, so wie der Königssohn,
Der, in der Urwelt fabelhaften Tagen,
In Cretas Bau jen' Halbgeschöpf erschlagen,
Spricht er in Heinrichs seelenvollstem Ton.
„Welch' eine Macht scheint feindlich hier zu walten?

„Mein Kaiser selbst verändert Aug' und Sinn.
„Kann ein Versehn mich völlig umgestalten?
„Ich blieb Blandart, wie sehr ich schuldig bin.
„Vom edeln Zorn entbrennt in meinen Adern
„Der Ahnen Stolz, ihr treubewährtes Blut,
„Im Trotze wild mit meiner Kraft zu hadern,
„Die, selbstbewußt, bey solchem Zweifel ruht.
„— O mein Monarch, der Wahrheit ward ein Schimmer,
„Der mächtiger als jede Zunge spricht.
„Wenn meinem Blick ein solcher Strahl gebricht,
„Wohlan, — so nenne man Blandart mich nimmer.
„Und wenn auch hier das edle Licht, verkannt,
„Durch Thränen zittert zu dem Vaterlande,
„So weich' ich still, denn mein ist nicht die Schande.
„— Das Treffen droht mit dem Vernichtungsbrand.
„Dann sollst Du, Herr, aus diesem Antlitz lesen,
„Wenn es erblaßt im Leichenfrieden, schweigt,
„Daß ein Blandart der Muthige gewesen,
„Der fallend Dir den Siegeskranz gereicht."

So schließt er kühn, — und mit den Löwenblicken
Sieht er umher im hocherstaunten Kreis.
Ans Schwert gelehnt, — wie trotzend dem Geheiß
Von jeder Macht, — scheint er sich anzuschicken
Durch tausend Stürme, die Verderben wehn,
Die selbsterwählte steile Bahn zu gehn.

Der Herrscher sendet ihm in edler Hitze
Von seinem Auge die Gewalt der Blitze,
Ob seines er nicht niederschlage: — nein. —
So kämpfen beyde mit den innern Waffen
Einander gegenseitig an; — allein

Nicht kann der Blick dem Kaiser Sieg verschaffen,
Er nimmt das Wort, und schlägt gewaltig drein.
„Sey denn gefangen, — ruft er, — Graf Blandart.
„Du weißt, wie streng von mir verboten ward
„Der Einzelnen Gefecht. — Im Ueberhören
„Der Warnungen von Deines Kaisers Mund,
„Giebst Du den Trotz, den lang Du hegtest, kund.
„— Weich' in Dein Zelt, und niemand soll Dich stören."

Der Tapfre beugt noch einmal stumm sein Knie,
Geht würdig ab. —

Man hört Geflüster wallen
Von Mund zu Mund: „— es ist Blandart gefallen."
Still trennt man sich. Schwer lastet es auf Allen,
Und Jedem ward, — er weiß nicht deutlich — wie?

III.

Du zagst, o Lied, ein heller Fluß,
Durch Wies' und Wald, und Kluft.
Hell spiegelten in deinem Guß
Sich Fels und Hain und Luft.
Und wie sich wechselnd dein Krystall
Durch Schlucht und Ebnen wand,
Klang sanft und wild dein Wogenschall
An vielgeformtem Rand.

Rausch auf mein Lied, rausch auf anizt
In höchster Fluten Macht.
Der Heersruf tönt, die Waffe blizt,
Wir rüsten uns zur Schlacht.
Hoch auf mein Strom, und ruf herbey
Der Bruderquellen Schaar,
So stürze dich mit Kampfgeschrey
Hinab in die Gefahr.

„Der dritte Tag, o Podesta, —"
So stürmt das Guelfenheer. —
„Der dritte Tag, nun ist er da,
„Jetzt keine Schonung mehr!
„Beschließest Du zur Schlacht hinaus
„Zu führen uns, — wohlan! —
„Wo nicht, — hallo hallo nach Haus!
„Hier bleibt kein rechter Mann."

Der Podesta spricht kluges Wort,
Kein kluges Ohr doch hört.
Der Drache wälzt sich heulend fort,
Deß Hauch das Heer empört.
Wie dort er nun und hier entfacht,
Sind Späher hingestellt;
Und Kund' auf Kunde wird gebracht
In Kaiser Friedrichs Zelt.

Der Herrscher sizt im Kriegesrath,
Die Fürsten sind um ihn.
Er schaut hinaus noch hoher That,
Nach Mord nur Ezelin.
Wer fehlt dem Kaiser, daß sein Blick
Auf leeren Sessel starrt?
Nun macht ers kund dem Kanzler: „Schick,
„Laß rufen den Blandart."

Der Jüngling, der gefangen war,
Tritt heldenkühn hinein,
Mit Heinrichs reich gelocktem Haar,
Mit Augen hell und rein.
„Dir ist vergeben wilder Fant,
— So spricht der Kaiser dann. —
„Nimm Deinen Platz zur rechten Hand,
„Sag Deine Meinung an."

Der Jüngling ruft: — „dem Kaiser Preis,
„Und seinen Feinden Schmach!
„Die Flamme weht, der Stahl ist heiß,
„Die Hämmer auf zum Schlag.

„Die Guelfen ziehn schon morgen kalt
„Durch jene Waldschlucht ab.
„Dort stellen wir den Hinterhalt,
„Dann geht ihr Weg ins Grab."

„Den Hinterhalt ich führ' ihn an.
„Zu sichern uns're List
„Werd' hier zum Scheine das gethan,
„Was Ernst den Feinden ist.
„Das deutsche Heer es reg' sich laut,
„Als woll' es heimwärts ziehn:
„Und glaubt der Guelf nicht was er schaut?
„Sprich, großer Ezelin."

Im Lager wallet Flut auf Flut:
„Zum Vaterlande fort!
„Zu Weib und Kind, zu Herdesglut,
„Zum alten Eichenporn! —"
Und Schaaren brechen einzeln auf,
Mit Jubel und Gesang,
Doch hinter Hügeln geht ihr Lauf,
Den flachen Strom entlang.

Und als der Nacht besternt Gewand
Verhängt des Abends Glut,
Da sezt die Schaar herab vom Land,
Und schwimmet durch die Flut.
Voran der Phönix von Blandart
Auf jenes Jünglings Brust.
Der dunkle Wald, die Felskluft harrt,
Dem Führer wohl bewußt.

Ha, steige Morgen aus dem Meer
In heller Kriegespracht.
In Götterhand den Strahlenspeer,
So stürz' den Thron der Nacht.
Hoch auf den Helmbusch pflanze dir
Als Zier den Morgenstern,
Fügt euch zum Wagen Wolken ihr,
Tragt flammend euern Herrn.

Im Guelfenlager wird es laut,
„Wohlan nun ziehn wir ab.
„Zur Spindel nehme nun die Braut
„Des Liebsten Lanzenstab.
„Laß Mailand sehn, wie Mailand steht,
„So seh der Kaiser auch,
„Wie seine deutsche Kriegsmacht geht.
„Die Flamme stirbt im Rauch."

Und sonder Ordnung, kaum bewehrt,
In Thorenzuversicht,
Eilt Zug auf Zug zu Fuß und Pferd
Davon im Morgenlicht.
Waldein, waldein! — der Eichbaum saust,
Als wär' es Schimpf und Hohn.
Kein Vöglein, das im Wipfel haust,
Singt heute Freudenton.

Und als sie zwischen Felsenwall
Um Dickicht schreiten, klingt
Vom Hinterhalt Trompetenschall,
Der Pfeilesregen bringt.

Da stürmt der Phönix von Blandart
Auf silbergrauem Roß
Herab, heran, und dichtgeschaart,
Mit ihm der Krieger Troß.

„Hoch Schwaben hoch!“ ihr Feldgeschrey,
Das wiedergiebt die Kluft.
Die Banner sie verbreiten frey
Sich in der blauen Luft.
Der Guelfe staunt, — der Zug steht fest.
Schon mäht der Tod hinein.
Kein Widerstand, wo Gott verläßt,
Scheint möglich hier zu seyn.

Der Jammerschrey zum Lager dringt;
Dort heißt es: „Ueberfall!“
Graf Tiepolo, mit Eil beschwingt,
Ruft, mahnet überall.
Zu Pferd, zu Pferd! — Schon sizt man auf,
Bei wildem Hörnerklang,
Und vorwärts, vorwärts stürzt im Lauf
Die Schaar das Feld entlang.

Doch eh sie noch den Feind erlangt,
Der laut verfolgt im Wald,
Da sezt ein andrer, dem erbangt
Die stärkste Brust, ein Halt.
Den Fluß durcheilt hat Ezelin,
Und rauscht entgegen schon,
So trennend Jene, welche fliehn
Von dem, zu dem sie flohn.

Der Kaiser kommt. — Den weiten Plan
Deckt ein Geschlecht aus Stahl.
Des Reiches Adel zieht heran
Mit Söldnern ohne Zahl.
Die Wälschen dann in bunter Pracht,
Wie Bilder anzusehn,
Zeigt sich darauf des Herrschers Wacht,
Der flinke Saracen.

— Des Kaisers Banner trägt, geschmückt
Mit Purpur, dessen Rand
Das Gras mit tausend Franzen drückt,
Ein stolzer Elephant.
In goldner Rüstung Friedrich nun,
Auf weißem Hengst. — Die That
Scheint wartend seines Winks zu ruhn,
Als feyerlich er naht.

Der Guelfen Hochsinn regt sich neu
Beym Wachsen solcher Noth.
Das Schwert ist scharf, der Arm ist treu:
Sieg, heißt es, oder Tod.
Um den Caroccio schließt sich eng
Der Wächter tapfre Schaar,
Macht sich im fechtenden Gedräng
Zur Mitte der Gefahr.

Umsonst, umsonst, des Angriffs Last
Bedrückt die Vorderreihn.
Im Rücken auch vom Feind gefaßt,
Scheint Hoffnung todt zu seyn.

Der Edeln Zahl bewährt im Fall
Der Guelfen Festigkeit.
Die Niedern weichen überall,
Flucht zeigt sich weit und breit.

Doch Fluß und Moor, und Fels und Wald
Sind hinderlich der Flucht.
Der Tod in jeglicher Gestalt
Sich grimmig Opfer sucht.
Wer herrlich ficht im Kaiserheer
O zähle Lied nicht auf,
Denn alle Namen sängst du her
Im vielverschlungnen Lauf.

Den aber preis' der für Blandart
Ein Schrecken ist im Streit.
Der Tod ist seine Gegenwart,
Und hinter ihm das Leid.
Wie? — hemmet niemand seine Wuth?
Der edle Tiepolo
Erfrischt im Beten Glaub' und Muth,
Naht dann dem Wilden froh.

Sie fechten hin, sie fechten her,
Die Rosse kreisen wild.
Zersplittert liegt schon jeder Speer,
Zerschmettert jeder Schild.
Des Gegners Degen klingt am Haupt
Dem tapfern Podesta,
Vom Hengste fällt er kraftberaubt,
Weiß nicht wie ihm geschah.

Und als der Sieger seine Wehr
Ins Herz ihm stoßen will,
Da sprengt der große Kaiser her,
Und donnert: — „halt! — steh still.“
Der Jüngling neigt sich ritterlich.
Das Knie beugt Tiepolo.
„Mein Herrscher, Dein Gefangner ich.“
Sein Schwert giebt ab er so.

Doch Jener, gleich dem Raubthier, das
Vom Fang der Jagdlärm scheucht,
Enteilt in Wuth, und Guelfenhaß
Erhält das Schwert ihm feucht.
Ha der Caroccio funkelt dort.
Selbst die Gajardi fliehn,
Das Heiligthum in sichern Port
Für künft'ge Zeit zu ziehn.

Es soll nicht seyn, — erreicht sind sie
Vom Heldenjüngling schon.
Dem Kühnen fehlt die Mannschaft nie,
Denn Alle ziert sein Lohn.
Der schwere Wagen sank in Moor
Bis zu den Achsen fest,
Und ihn umschließt der tapfre Chor,
Der nimmer ihn verläßt.

Sie streiten kühn, sie sinken all
Todt um ihr Heiligthum.
Zwar nicht der Sieg, doch edler Fall
Leiht ihnen Sternenruhm.

Schlaft wohl, schlaft wohl! Ihr habt den Eid
Bezahlt in höchstem Gut.
Ein Palmenwink der Seligkeit
Erheb euch aus dem Blut.

Triumph! Triumph! Die Schlacht ist aus
Und aus ist dieser Krieg.
Dem Nachtgewölk, voll Wuth und Graus,
Entschwebt des Kaisers Sieg.
Der Kaiser kniet, und dankt dem Herrn.
Die Helden sammeln sich,
In jedem Aug ein Morgenstern,
Und grüßen wonniglich.

Und Friedrich spricht: — „Die Burg erkennt
„Die weiß im Spätlicht gleißt.
„Wie sie sich Curtenova nennt,
„Wißt, so die Schlacht auch heißt.
„Wo blieb Blandart der tapfre Fant,
„Vor welchem Jeder floh?
„Er kommt. — Was folgt ihm durch das Land?
— „Ha! — der Caroccio."

Des Herrschers Auge schwimmt in Lust,
Es sieht entzückt umher.
Den Ritter preßt er an die Brust
Vor seinem ganzen Heer.
„O könnte — ruft er, jetzt Dich sehn
Dein edler Vater hier!
Doch sollst als Sohn beglückt Du gehn.
— Sprich Sohn, wie lohn' ich Dir."

Des Ritters Blick im Thränenglanz
 Erhebt sich kindlich mild.
Ja dieß ist Heinrich, Heinrich ganz,
 Des edeln Vaters Bild.
„„Du willst mich lohnen wie dem Sohn.
 Als Sohn denn bitt' ich gern.
O manche Monden bin ich schon
 Von meiner Mutter fern.““

„„Sie weint um mich, der Feinde Schaar
 Umdroht sie wild und dicht,
Denn ach, — der Schützer in Gefahr
 Ist fern in andrer Pflicht.
O laß mich wieder heimwärts ziehn
 Der Mutter Schirm zu seyn.““
Er sprichts: der Kaiser segnet ihn,
 „Geh' hin; — nun doppelt mein.“

Und heimwärts ziehn mit Jubelschall,
 Gleich vom Gefild der Schlacht,
Blandarts entzückte Mannen all
 Durch Sternenlicht bei Nacht.
Ihr junger Führer leitet sie
 So wehmuthsvoll, so still,
Doch niemand wagt zu fragen wie
 Denn Er nur trauern will.

IV.

Die Kerkerluft, die dumpfig kalte, wittert
Durch das Gewölb wie Grabeshauch. — Es zittert
Der Leuchte Strahl von oben her, und fällt,
— Als ob die Nacht ihn in der Knechtschaft hält,
Nur so viel gönnend, daß er nicht erſticke, —
Durch gelben Dunſt auf einen Jüngling, der,
Von höchſten Kummers Centnerlaſt beſieget,
Im feuchten Stroh des harten Lagers lieget.
Sein offnes Auge ſtarrt, und ſieht nicht mehr.
— Wär' dieſes Heinrich von Blandart, — den eben
Zum Sternenplan des Ruhmes Flügel heben?
Der in dem Lied der Ghibellinen klingt,
Das Curtenovas Siegesſterne ſingt?
— Sein Namen nur lebt in den Huldigungen
Der halben Welt. Er ſelber kniet bezwungen
In ſchmählicher Verhaftung, bittet Gott
Zu ſtrafen nicht der Feinde frechen Spott. —
Sie foltern ſich ihm Kränkung auszuſinnen,
Er hat als Chriſt vergeben ihr Beginnen.

Drei Tage ſchon umdunkelt ihn die Noth.
Ein greiſer Mönch kommt zu beſtimmten Zeiten
Mit ihm zu beten. — Soll er ihn bereiten
Zum letzten Gang? — Er fürchtet nicht den Tod.
Er wünſcht nur eins: — daß nicht der Mutter fehle
Bey ſeinem Fall die königliche Seele.

Schon iſt es Nacht. Er iſt allein. Da fällt
Die letzte Kraft in ſeiner Bruſt. Es hält

Ein dumpfer Schmerz den müden Sinn gefangen.
-- Nun rauscht das Thor des Kerkers. — Leis gegangen
Wird in der Näh des Halbbetäubten. — Kaum
Entreißt er sich dem irren Fiebertraum.
Der Kerkermeister stehet vor ihm, schweigend.
Mit ihm ein Zweyter, der, sich zärtlich neigend,
Die Stirn ihm küßt. — Vom langen Kleid umwallt,
Zeigt formlos sich die ragende Gestalt.
— Ein Flüstern geht dahin, daher, zum Schalle
Von vielem Gelde, das der Fremde wählt
Und in den Helm des Kerkermeisters zählt,
Der endlich nickt, und weichet aus der Halle.
Nun birgt der Unbekannte seinen Hort,
Hebt auf den Grafen, zieht ihn mit sich fort,
Trepp' auf, Trepp' ab, durch viele Säle, Gänge.
Kein Mann erscheint von der Besatzung Menge.
Nun athmet frisch sie schon die Nachtluft an.
Sie sind im Hof. Durchs Thor geht ihre Bahn.
Da sie zum Graben an dem Wall sich wenden;
Sinkt, rasch bewegt von unsichtbaren Händen,
Der Brücke Wucht, die schnell sich wieder hebt,
Als dieses Paar hinüber ist. — Es flimmern
Die weiten Aun im Silberglanz der Nacht.
Der freye Wald, die Felsgestalten schimmern
Im weißen Strahl der vollen Mondespracht.
Doch weiter zieht der Fremde stets, und weiter
Den edeln Fant, — ein schweigender Geleiter,
Der keine Fragen achten will. — Der Hain
Nimmt sie bereits in seine Schauer ein,
Bis sie zuletzt auf einen Platz gelangen,
Den weit im Kreis die Wälder rings umfangen,
In dessen Mittelpunkt ein Kirchlein steht,

Ein Wallfahrtsort, von aller Welt geschieden.
Kein Lebenston durchbricht den tiefen Frieden,
Der, bänglich fast, von diesen Thürmen weht.

Der unbekannte Führer pocht ans Thor.
Man hört die Schläge, welche dumpf erschallen,
Im leeren Innern seltsam wiederhallen,
Durch Vorgemach, und Schiff, und Chor.

Leis öffnet sich der Eingang. Beyde schreiten
Hinein ins Gotteshaus, das dämmernd liegt.
Der bleiche Strahl der ew'gen Lampe wiegt
Sich auf den Bildern längst vergang'ner Zeiten,
Die marmorweiß auf Rittergräbern stehn.
— Der Fremde winkt zum Hochaltar zu gehn,
Und hier, wo rein der Ampel Strahlen blinken,
Läßt er vom Haupt die Kappe niedersinken.
Der alte Minstrel wird sogleich erkannt,
Der jüngst im May sich zu dem Grafen fand,
Deß Harfenspiel so wunderbar geklungen
Zum Sang', den er vom Reginald gesungen.

Lang sieht der Greis den jungen Ritter an.
Dann ruft er: — „Heinrich, was hast Du gethan!
Ist Dir, o Freund, so wenig übrig blieben
Vom Mahnungswort in Deine Brust geschrieben?
— Hast Du den Reginald vergessen? — wie?
Der alles eingebüßt, — das Glück, den Frieden,
Weil er sich eitel von der Pflicht geschieden.
Wie bat ich Dich, — nie fleht' ich sonst hienieden, —
„„O scheide Dich von Deinen Pflichten nie.““
Ein freches Spiel in Deine Näh' getragen
Zur Lockung Dir, — wie ganz verachtungswerth!

Hat Deines Busens Ordnung so verkehrt,
Daß Wuth, der weisen Seele streng verwehrt,
Und Eitelkeit den Thaten nachzujagen,
Die Dein Beruf nicht waren, nur allein
Vor vielen Hunderten gerühmt zu seyn,
Dich trieben ganz der Pflicht Dich zu versagen.
— Du hast gebüßt. — Es ist die Schlacht geschlagen,
Die dieses Krieges wechselnd Schicksal krönt.
Der Kampf ist aus, die Zwietracht wich versöhnt.
Was thatest Du dabey? Wenn sie Dich fragen
In Deutschland einst: — „„warum denn fehltest Du
Dem großen Tag, dem schönsten?““ — Sieh dann zu
Wie Du's umgehst Dich selber anzuklagen.“

In Heinrichs Wangen steigt die Glut der Schaam,
Und thränenschwer schlägt er die Augen nieder.
Da spricht der Greis: „Getrost — erheb' Dich wieder,
Weil Hülfe Dir aus weiter Ferne kam.
Ein seltsam Wunder will ich Dir enthüllen,
Doch schwöre mir bey diesem Kreuz, daß nicht
Dein Mund es aus, was Dir geschehn ist, spricht,
Seit dem Moment, als in des Trotzes Füllen
Zum Kampfe Du mit jenem Odo flogst,
Bis Du hieher, von mir geleitet, zogst.
Schwör bey dem Kreuz, Du wollest Dich bequemen
Zum mindesten im Schweigen hinzunehmen
Zwölf Monden lang, was rings verbreitet ist
Als Dein Betragen binnen jener Frist.“
— Graf Heinrich schwört.

„So schwör' ich, — ruft der Alte, —
Beym Zeichen auch, das in der Hand ich halte,
Welch Loos indeß Dein Wahn für Dich gewählt,

Nicht hat der Schlacht der Graf Blandart gefehlt.
Er hat besiegt den Podesta; genommen
Hat Mailands Pannerwagen Er; gekommen
Durch sein Bezeigen ist der Sieg. Es lebt
Sein Namen in des Kaisers Brust. — Besingen
Wird ihn der Sänger zu der Harfe Klingen,
Wie glänzend er zur fernen Nachwelt schwebt.
— Du staunst? — Nichts mehr. — Einst wird das Dunkel fallen
Von diesen Räthseln. Danke still dem Herrn.
Das was Du müssen wirst, das übe gern,
Und kehre heim zu Deiner Väter Hallen
Sobald es tagt. — Entlassen bist Du schon
Vom Kaiser, der noch denket auf den Lohn,
Den er beschloß Dir huldreich nachzusenden.
Die Mutter harrt. — Sieh dieser Kette Zier,
Die sie vertraut als Zeichen meinen Händen,
Um, durch dieß Pfand beglaubigt, Dir von ihr
Befehl zu bringen, Dich zurückzuwenden.
Dein Schicksal ruft, so folge Deiner Pflicht.
— O lebe wohl. — Du siehst betrübt mich gehen.
Wenn Dir es frommt, sollst Du mich wiedersehen."

Der Alte drückt, bewegt von tiefem Schmerz,
Den Grafen, der noch stumm ist, an das Herz,
Und ehe der des Abschieds Wort gefunden,
Ist jener schon in Dunkelheit verschwunden,
Und Heinrich steht, der Mutter gold'nes Band,
Das von Smaragden funkelt, in der Hand,
Nichts klar erkennend, was mit ihm geschehen,
Und schwankend zwischen Bleiben oder Gehen,
Sinkt er ermüdet vor dem Altar hin.
Ein Schlaf aus Bley verdunkelt seinen Sinn,

Durch welchen wüste Traumgebilde wehen.
Als er vom Lärm, der um ihn tönt, erwacht,
Da wich dem Gold des Morgens schon die Nacht,
Und seine Knappen stehn um ihn im Kreise,
Froh grüßend ihn, und redend diese Weise.

„Nun? — habt Ihr treulich das Gelübd erfüllt,
Das Euch bewog uns gestern zu verlassen,
Die ganze Nacht hier ins Gebet zu fassen?
Seyd Ihr nicht mehr von trübem Gram umhüllt?
Die Zeit ist da, zu welcher Ihr befohlen
Von diesem Ort heut früh Euch abzuholen.
Brecht auf anjetzt, und laßt Euch waffnen gleich."
— Sie legen ihm die Rüstung an.

„Wie reich
Seyd Ihr, o Herr, in dieser Nacht geworden!
Ein Bote holt uns Kaiser Friedrichs ein.
Ihr sollt beschenkt mit neuen Landen seyn,
Die lieblich grünen an des Rheines Borden,
Wo mit dem Main er schließet seinen Bund.
Des Herrschers Brief hier giebt das Ganze kund.
Er hat gelobt bey seiner Reiche Kronen,
Den Helden, der gewonnen diese Schlacht,
Den Pannerwagen Mailands ihm gebracht,
Den woll' er mehr als kaiserlich belohnen."

Der Graf erstaunt. Er liest des Kaisers Brief.
Hat alles dieß geträumt ihn, als er schlief?
— „Ihr Knappen, ruft er, — wollt mir Rede stehen.
Daß Ich als Sieger aus dem Treffen kam,
Daß Ich den Pannerwagen Mailands nahm,
Habt Ihr das auch, — habt Ihr das selbst gesehen?

„„Daß wir es sahn, so wie das ganze Heer,
Wird aus dem Heere niemand uns bestreiten.""

Der Jüngling hebt sein Auge thränenschwer
Zum Himmel auf, dann nimmt er Schild und Speer,
Und spricht: — „so kommt. — Laßt uns von dannen reiten."

Vierter Gesang.

I.

Das Pfingstfest heut. —
Zum Zeichen junger Siege
Hebt schon der Morgen sein Panier aus Gold.
Der Stern erblaßt: — ein Wolkenvorhang rollt
Durchschimmert auf, als ob er brennend fliege:
Die Sonne schwebt aus ihrer Flammenwiege,
Damit die Welt ihr Feyerandacht zollt.
— Die Sage rühmt, daß heute Wälder rauschen
Mit ungewöhnlich feyerlicher Macht;
Daß Duft um Duft die Blumen süßer tauschen,
Daß Vögel selbst, Mirakel ahnend, lauschen,
Auf höchste Wipfel stellend ihre Wacht.
— Heut ward der Geist ergossen: die Naturen
Sind von dem Hauch der Engel angeweht.
Sie jubeln heut: — durch Erden, Sonnenfluren
Zieht eine Lust, die diesen Tag begeht.

Um jeden Raum zum Tempel einzuweihen,
Prangt jeglich Hüttchen, das der Armuth ward,
Im grünen Schmuck der frischgepflückten Mayen,
So wie das fürstlich ragende Blandart.
Der stolzen Burg geschliffene Gesteine
Sprach sie Magie von ihrer Starrheit los,
Weil überall der lichte Schmuck der Haine
Sanft angeregt aus ihrem Innern sproß?
Ein junger Birkenwald entkeimt dem Kranze
Der Zinnen rings. Ein jeder Pfeiler steht
Von hellem Laube flüsternd überweht,

Die Thürme selbst, wo sonst im Silberglanze
Die Banner flatterten, sie scheinen nun
Mit dem Gebüsch der Thäler groß zu thun,
Wie Fürstentöchter, die zum Faschingstanze,
Für Demantschmuck und reichen Hermelin,
Zu sich empor den Putz der Hirtin ziehn,
Und stolzer sich beym Schein der Demuth heben,
Weil im Gewand, das feine Künste fliehn,
Sie Lust dem Blick, und Qual den Herzen geben.

Den schönen Hof erfüllet, arm und baar,
Aus Männern, Weibern eine bleiche Schaar.
Die Sorge spricht aus manchen hagern Zügen,
Doch jeder Blick, — der Ausdruck kann nicht trügen, —
Glänzt hoffnungsvoll und freudenklar.
Die Dürftigen sind es der Gegend. Alle
Rief ein Gebot, — sie sind in gleichem Falle:
Die Spende winket, welche Frömmigkeit
Der Gräfin stets den Hingewelkten weiht
An jedem Festtag in besond'rer Fülle.
Was jedem nützt, wird Jeglichem, — die Hülle:
Zugleich ein Brod, aus dem, — ein würdig Spiel, —
Den Aermsten oft schon manche Münze fiel.
Auch heiliget Gewohnheit vieler Jahre
Den schönen Brauch, daß aus der Herrin Hand
Empfangen werde solches Mitleidspfand,
Damit zugleich sie manchen Wunsch erfahre.

Zum heil'gen Christ erschien die Dame nicht,
Zu Ostern nicht. Ein wunderholdes Wesen
Mit gold'nem Haar und dunkelm Augenlicht
Ist da die milde Spenderin gewesen.

Der Jungfrau zartes liebevolles Bild
Hat seit der Zeit ein jedes Herz erfüllt,
Nicht weil die Gaben vierfach werthvoll waren,
Nein, weil des Mitgefühles Süßigkeit,
Durch Thränen redend in dem Blick, dem klaren,
Zum Liebeskleinod dieß Geschenk geweiht:
— Weil dieß Geschöpf, — man nennt es gerne,
Weil mans nicht kennt, den Engel aus der Ferne,
Seitdem ein Schutzgeist jeder Noth erschien.
Wo Kummer hauste bey der Krankheit Plagen,
Ließ Frost und Sturm sie nicht die Wonne fliehn
In ferne Hütten Hülf' und Trost zu tragen.
Und ob gebrochen nur der deutsche Laut
Vom Rosenmund ihr fließet, weiß durch Zeichen
Sie Willen und Verständniß auszugleichen.
Mit Kräften der Natur ist sie vertraut.
Was heilt in Kräutern aus den Gärten, Hainen;
Was sympatetisch wirket in den Steinen,
Das ordnet sie mit klugem Sinn,
So manchen Lebens Retterin.

Und wird man heut die Hochgeliebte sehen?
Die Frage scheint auf jeder Stirn zu stehen.
Die Thüre rauscht, man öffnet den Pallast.
— Ein Dienerpaar bringt eines Korbes Last
An Broden voll, und wieder Andre tragen
Die Kleider her, neu, — lockend aufgeschlagen.
Den Knappen folgt, als Ueberin der Pflicht,
Die Liebliche. — Vom Wonnestrahl getroffen
Sind alle Herzen, die, — zuvor schon offen, —
Nun also schwellen, daß der Thräne Licht
Durch schnelles Zucken jeder Wimper bricht.

— Ihr milder Reiz begeistert, weil ihn trübet
Ein Wehmuthshauch, der Doppelherrschaft übet.
Vom Ebenmaas der Züge nichts, denn nur
Die Seele rührt. Ein hoch und tief Empfinden,
Ein edler Stolz, sind hier vereint zu finden,
Mit Schüchternheit der kindlichen Natur.
Im Auge läßt ein thränenfeuchtes Brennen
Manch' kummervoll durchwachte Nacht erkennen.
Die Wange blüht noch heute, — doch gepflückt
Hat herber Gram, was heißer sie geschmückt.
Die Heiterkeit, die sich den Mund erkoren,
Ging in dem Zug der Schwärmerey verloren.
Die Sonne blickt so durch den Abenddust.
Der Strahlenkranz ist ihr vom Haupt gefallen,
Doch wunderbar gebrochne Lichter wallen
Im Farbenspiel durch die bewegte Luft.

Die Marmorstufen, in der Diener Mitten
Kommt die Beglückerin herabgeschritten,
Und theilt die Gaben aus, die man empfängt
Mit heißem Dank, der aus der Brust sich drängt,
Zwar roh, doch treu.

Maria spricht mit allen,
Und, als ob Perlen ihr vom Munde fallen,
Hascht Jeglicher nach einem Wort für sich.
— „Ihr Guten, — spricht sie, — betet ihr für mich,
„So werd' ich mehr durch eure Gunst gewinnen,
„Als ihr durch Güter, die wie Thau zerrinnen,
„Wie Regentropfen in dem heißen Sand."
— Schon hat sie sich dem Rückweg zugewandt,
Als alle Stimmen sich betrübend heben

Im Jubelton. — Ein jeder Arme fand
Im Brod ein Goldstück, welches sie gegeben.
Ihr glüht die Stirn von edler Schaam. Sie theilt
Die laute Schaar mit einem Blick, und eilt
Dem innern Raum des Hauses zuzuschweben.
Doch durch der Fenster helle Pracht
Hat mütterlich ein Auge sie bewacht,
Und eben eilt in Rührung und Entzücken
An ihre Brust die Gräfin sie zu drücken.
„Mein Kind! mein Kind, — so ruft Mathilde, — nein
„Nie wird Dich anders meine Lippe nennen.
„Soll ohne Neid ich Deinen Werth erkennen,
„So muß ich, — muß ich, — Deine Mutter seyn."

Maria fällt in Thränen ihr zu Füßen,
Ruft freudig aus: — „o welch ein selig Müssen!"
— Doch schnell, so wie der Wolkenschatten fährt
Den Sonnenduft von Flur und Saat zu streifen,
Scheint dunkler Schmerz an ihre Stirn zu greifen.
Sie klagt: — Doch ach! — wie bin ich dessen werth? —"

Die Freundin hebt sie gütig auf. — Ein Schweigen
Herrscht im Gemach. Mariens Thränen zeigen
Den hohen Kampf, der ihre Brust getheilt.
Mathildens königliches Auge weilt
Lang fest auf ihr, bis diese Worte tönen:
— „Willst Du dich Kind nie mit Dir selbst versöhnen?
„Kannst Du es nicht? — Als Dich empfing mein Arm,
„Da schwur ich Dir in Deinem höchsten Harm,
„Zu forschen nie, was Dir den Harm gegeben.
„Du wolltest dann vielleicht den Schleyer heben
„Zur rechten Stunde selbst. — Seitdem getagt

„Hat mancher Morgen. — An dem Mutterherzen
„Ließ ich verbluten Deine stummen Schmerzen.
„— Du bliebest stumm, ich — habe nicht gefragt.“

Maria spricht begeistert. — „Wohl! — es tagt!
„Ans Licht hervor, ihr schwergebüßten Triebe!
„Im Staube wird ein Dämon angeklagt,
„Dem Menschenkraft zu trotzen nie gewagt.
„— Verwirf mich nicht. — Mein Unglück ist die Liebe.“

„Du nahmest einst mein halb Bekenntniß schon,
„Doch unbewußt. — Gedenkest Du der Kunde,
„Dir vorgelegt in jener Morgenstunde,
„Da wir am Rahm geschäftig stickten? Von
„Zulcima, die dem Herrn der Assassinen
„Armeniens Königstochter einst gebar,
„Im Raub entführt, als sie beflissen war
„Dem frommen Brauch durch Pilgerschaft zu dienen.
„Die Christin sank vom Haremsthron ins Grab,
„Als ihrer Tochter sie das Leben gab.
„Ruf' Dir zurück, wozu dieß arme Wesen
„Vom eignen Vater sündhaft ward erlesen.“
— „„Sie sollte, — fällt die Gräfin ihr ins Wort, —
„„Im Paradies, — die Lüge schuf den Ort, —
„„Den Templer Reginald in Fesseln binden
„„Der feinsten Wollust, welchen man ersah
„„Den Bergesalten, fast der Taufe nah,
„„Vom Wahn des Islam völlig loszuwinden.
„„Als Wunder pries man diesen Reginald,
„„Drum traf die Wahl des Meisters ihn, erfahren
„„In List und Kunst, ob noch in Jünglingsjahren.
„„Indeß sehr locker lag auf ihm die Pflicht.

„„Des Blutes Regung konnt er widerstehen
„„Aus Stolz und Eitelkeit; — dem leisen Wehen
„„Geheimer Triebe mocht' er trotzen nicht.
„„Den Scheikh nur wollt' er prahlend täuschen, nimmer
„„Versagen sich geheimen Sternenschimmer
„„Der Zärtlichkeit. — Er brach den Eid, und floh
„„Mit der Geliebten, doch nicht eilig so,
„„Daß Schebedin, so hieß der Scheikh, nach Tagen
„„Ihn nicht erreichet, ihn — erschlagen.
„„— Der Alte sprach von Vaterpflicht sich los,
„„Indem sein Kind er in den Thurm verschloß.
„„— So war die Kunde, von Dir vorgetragen.""

Maria schweigt noch einen Augenblick,
Spricht dann erschüttert: „wiß, daß mein Geschick
Ich Dir erzählt. — Ich bin Zuleima. — Wende
Dich nicht verwerfend von mir ab. Die Schuld
Hab' ich gebüßt durch Marter und Geduld.
— Vergönne mir, daß den Bericht ich ende.

„Mein Vater wußte meine Flucht, bevor
Versucht sie ward. Als ich mein Herz vertauschte
Mit dem des Templers, war er nah, belauschte
Mich und den Jüngling, der sich selbst verlor.
Denn dahin ging des Fürsten Plan.

Im Hassen
War Schebedin so wie der Libanon,
Wild, riesig groß, nie ganz ins Aug zu fassen.
Erst wollt er halb die Flucht gelingen lassen,
Wir sollten froh seyn, halb gerettet schon,
Dann wollt er ein in unsern Himmel brechen,
Im Morde schwelgen, sich entsetzlich rächen.

Er übt es aus. —

Mir kam der Sinn zurück
In jenem Thurm, getrennt vom Licht und Glück.
In Kerkersnacht soll dieses Herz vergehen,
Weil es die Welt in eigner Wahl gesehen.

O daß die Noth nicht tödtet! — Rauchend Blut
Floß um mich her: — so schreckt des Fiebers Walten
Den irren Sinn. — Entsetzliche Gestalten
Umringten mich, und übten ihre Wuth
An Reginalds vom Mord zerfleischten Gliedern.
Als Flammenpfeil durchwühlte mich der Schmerz,
Schlug Krallen ein in mein verblutend Herz,
Und lag als Brand auf meinen Augenliedern.
Ein Trost allein blieb übrig meiner Qual.
Auf uns'rer Flucht, berauscht von seinen Küssen,
Hatt' ich dem Heißgeliebten schwören müssen,
Ihm zu gehören nur, und ihm die Wahl
Für meinen Lebenspfad anheimzustellen;
Mir zu versagen jeden Sonnenstrahl,
Halt' ihn die Nacht auf ihren dunkeln Schwellen;
Wenn anders von des hohen Eides Pflicht
Aus eignem Trieb er frey mich spreche nicht.
— Ihm wähnt' ich mich auf ewig nun verbunden,
In lichter Hoffnung, daß wenn Tod
Die Flucht beschwinge durch das Reich der Noth,
Mein Heißgeliebter, in dem Licht gefunden
Des Ewigen, — wo keine Jammer schreyn,
An Gottes Thron mein Himmel werde seyn.
In dem Gefühl fing an sich zu verklären
Das Graus um mich. Es sank aus Engelheeren
Des Glaubens Cherub mild auf mich herab.

Ein gold'ner Nebel barg vor mir das Grab.
Ein Wunder war in meine Nacht gestiegen,
Auf Palmen mich und Lichtgewölk zu wiegen.
In Blut getaufet durch das Märtyrthum
Harrt' ich in Demuth auf des Sieges Ruhm.

So waren drey der Monden schon verflossen,
Seitdem man mich in jenen Thurm verschlossen.
Ein stummer Zwerg, mir Speise bringend, drang
Nur täglich ein, und blieb minutenlang.
In einer Nacht werd' ich erweckt.

Es zeiget
Sich meinem Blick ein greiser Assassin.
Ich ruf' ihn an: „bringst Du den Tod?" — Er schweiget.
Sein Wink befiehlt, mit ihm davon zu fliehn.
Eh noch mein Geist die Gegenwart verstehet,
Den Willen weckt in meinem Busen, wehet
Der freye Nachtwind um das Haupt mir schon.
Die Cedern rauschen auf dem Libanon.
Ein Berberhengst, auf dem wir beyde sitzen,
Trägt uns davon, an Eile gleich den Blitzen.
— Ich bin gerettet, bin entflohn,
Ein stilles Thal geht, bey dem Morgenlichte
Vor meinen hocherstaunten Blicken auf,
Durch dessen Palmen des Orontes Lauf
Hellglänzend wogt. — Gleich einem Traumgesichte
Stellt sich die blumenreiche Wildniß dar.
Aus sieben Hütten treten Eremiten,
Die tröstend mir die treuen Hände bieten.
Weit hinter mir erkenn' ich die Gefahr.
Mein Retter liegt entzückt zu meinen Füßen,
Als Tochter mich von Königen zu grüßen.

Wie deut' ich dieß? — Wie nenn' ich ihn —?
Er ist ein Christ, — heißt Yusuph Kantazin,
Armenier dem Volke nach. In Tagen
Des Glückes hat sein Fürst das Lehreramt
Ihm bey der Tochter übertragen,
Von der mein nothumringtes Leben stammt.
Als Schebedin sie räuberisch entwendet,
Ward dieser Greis zum Libanon gesendet
Mit großem Lösegeld. — Mein Vater ließ
Den Schatz ihm nehmen, doch er wies
Sein Flehen ab, die Mutter zu gewähren:
Bey Christen, — meint er, — gelte nicht die Treu.
Der Bote mied die Rückkehr scheu,
Und, ohne sich dem Islam zuzukehren,
Dient er dem Scheik, gerühmet und in Ehren.
Er blieb, weil er zu meiner Mutter Flucht,
Und, als sie starb, zu meiner, Raum gesucht,
Doch konnt' er selbst mit Blicken nicht erreichen
Uns in des Harems riesigen Bereichen.
Erst als das Unglück mich darniederschlug,
Bahnt er den Weg sich hin durch meinen Fluch,
Und rettet mich; — wie? — konnt' ich nicht erfahren;
Denn was er sprach von Tränken, deren Kraft
In Schlaf gesenkt der Assassinen Schaaren,
Und ihm den Zugang in den Thurm geschafft,
Ist glaubhaft nicht; und wenn dem also wäre,
Ohn' Talismane, Zauberspeere
War zu gewinnen aus des Vaters Hort
Mein Erbtheil nicht, und dennoch trug er fort,
Was er an Golde, Steinen, Kostbarkeiten
Zur Lösung einst der Mutter hergebracht.
Für drey Kamele schien es schwere Fracht,

Und war bereits vor diesem Rettungsmorgen
Im Friedensthal, das mich empfing, geborgen.
— Mein Vater, mein' ich, lenkte meine Flucht.
Ihm lebten dreyßig Kinder noch. Sein Hassen,
— Des wilden Blutes schnellerwachs'ne Frucht, —
Starb, der Verachtung den Besitz zu lassen
Des stolzen Busens. Liebe fühlt er nie.
Der Ueberredung schmelzende Magie
War Eigenthum des Kantazin. Mein Schmachten
Im Thurme war nicht herber, als die Qual,
Verirrt zu leben in dem Jammerthal
Der fremden Welt, und jene Schätze brachten
Dem Ueberreichen weder Lust noch Glück.
Dem Christenthum warf höhnend er zurück,
Was nichtig schien nach zwanzig Siegerschlachten.

So löse jetzt ich mir die Räthsel auf.
Doch damals flog im fessellosen Lauf
Der Seele hohes, einziges Verlangen:
Zum Bad der Taufe strebt ich zu gelangen.
— Wie viel ich litt, — der große Augenblick,
In dem der Himmel mich erworben, weichet
Mir aus der Seele niemals. — Mein Geschick
Schien mir so groß. — Von Kummer unerreichet,
Von Sorgen um die Zukunft, flog mein Geist
In einem Sonnenmeer von Andacht, — Liebe.
Ha! was vergleicht sich dem erhabnen Triebe,
Der uns in Nacht des Lichtes Sieg verheißt! —

Beklage mich. — Mein strebendes Gefieder
Zerbrach ein Wort, ich stürzte schmählich nieder,
Tief in den Staub, dem ich mich stolz entschwang.

— Man klärt die Schuld des Reginald. — Er scheinet,
Den ich zum Engel umschuf, und beweinet,
Nun ein gemeiner Sünder, und mir drang
Die Reu' sich auf. — Noch mehr; — ich muß erfahren,
Daß er noch lebt, daß todeswund ihn fand
Ein frommer Mönch, ihn aufhub, ihn verband,
Ihn so geheilt. Doch ob er bey den Schaaren
Der Brüder weile, ob in Lust und Schmerz,
War unbekannt. Mein schon zerrissen Herz
Theilt völlig sich in streitenden Gefühlen.
Der Himmel schweigt, kein Hoffnungsengel schwebt
Zu mir herab, die Qual, die mich durchbebt
Mit seiner Flügel lindem Wehn zu kühlen.
Mein Wille stirbt. Die Klarheit dämmert hin,
So wie das Spätroth in den Winternächten.
Eins faß' ich nur, daß ich von dunkeln Mächten
Ein jammervoll erles'nes Opfer bin.
— Mein Retter muß mein ferner Loos bedenken.
Ich frage nicht, laß ordnen ihn und lenken.
Der Fieberkranke, der dem Tod entfloh,
Folgt tiefgeknickt dem Pfleger so.
Wir ziehn nach Accon, wo Galeeren
Von Pisa stehn, gerüstet heimzukehren.
Man schifft mich ein, den Schatz; — was kümmerts mich!
Wir kommen an, — und wo denn? — was weiß ich!
In einer großen Stadt find' ich mich wieder,
In einem Dome, wo der Fluß der Lieder
Mein Innres klärt. — Wir sind zu Rom. — Die Stadt,
Die nirgend, nirgend! ihres Gleichen hat,
Beachtet mich. — Mir wird vergönnt zu küssen
Den heil'gen Boden zu des Papstes Füßen.
Ha welch ein Greis! — Doch jedes Wort ist matt,

Das ihn erheben will. Es hört der Weise
Mit Vatermilde mein Geschick. — In Huld
Vergiebt er mir, doch Büßung und Geduld
Legt er mir auf für meine Lebensreise.
Die Fehle Reginalds, des Vaters Schuld,
Des eignen Busens viel zu große Schwächen,
Soll ich am Geiste der Versuchung rächen.
Uns wiederherzustellen licht und rein,
Soll ich das Opfer eines Klosters seyn,
Mich in ein zeitlich Läutrungsfeuer betten,
Uns Alle vor dem ewigen zu retten.

Und ich gelobe, was verlangt wird. —
— Weilt
Dein Herz bei mir, wenn tief beschämt ich sage,
Daß wehmuthsvoll, im Innersten getheilt,
Ich, — zürne nicht, — mein hart Geschick beklage.
Ein irdisch Bild beherrschet meine Brust,
Die Kämpfende ward nimmer sich bewußt
Der freyen Kraft von ihm sich loszuringen,
Ein still Gemüth dem Kloster darzubringen.

Die reiche Welt voll Glanz und Lebenspracht,
So meinte Yusuph, die zu Rom entfunkelt,
Sie halte mich, mit königlicher Macht
Am Sinnenreiz. Wo winterlicher dunkelt
Die kalte Flur, durchweht vom Nord,
Sey lockender des Klosters Friedensport.
— Ich stimme bey, daß durch der Länder Weite
Nach Köln er mich zum Stift der Jungfraun leite.

Wir reisen ab, — doch Yusuph stirbt zu Chur.
Mein einz'ger Freund wird grausam mir entrissen.

In fremdem Land, in Kummers Finsternissen
Bleib ich allein, mit wenig Dienern nur,
Die von dem Volk Armeniens erlesen
Zu Accon wurden, und die treu gewesen,
So lang sie Yusuph in die Pflichten zwang.

Wir setzten fort die Reise wochenlang.
Bis wir zuletzt die blätterlosen Eichen
Des dichten Hayns vor dieser Burg erreichen.
— Hier tritt der Böse wild auf meinen Pfad.
Ein Weib aus Rom, das mir gedienet hat,
Und mit uns zieht, wird von der Gier befallen
Nach meinem Schatz. Sie lockt die Diener an,
Und die Verruchten schmieden einen Plan
Zu morden mich, (kein Mitleid lebt in Allen;)
Zu theilen dann mein Gut. Sie flüstern leis
Im Frankenwort, das ich zu deuten weiß,
So wenig auch sie's ahnen. — Nichts zu wählen
Bleibt übrig mir in meiner höchsten Noth,
Als meine Seele, die verzagt, dem Gott,
Der allerbarmend waltet, zu empfehlen.
Doch er ist groß und furchtbar im Gericht.
— Die Frevler, die mir drohen, wissen nicht,
Wie nah sie selbst ihr schrecklich Grab umschiffen.
— Wir sind von Räubern plötzlich angegriffen.
Mich wirft ein Schreck dem zweyten zu.
Die Diener fallen, — ich entkomme. —

Du

Nimmst auf die Zitternde.

Noch nicht empfunden

War jener Trieb, den mir Dein Anblick gab.

Du warst mein Trost, mein einzig Glück, mein Stab.
In Kindesliebe heilten meine Wunden.
Doch innerlich empfind ich noch den Schmerz.
An Dich, an Reginald knüpft mich das Herz.
Das Kloster doch ist meine Pflicht. — So schwanke,
— Nicht zürne mir, — ich wie die Eppichranke,
Die man vom Baum, dem sie vermählt, sich riß.
Erfüllen muß ich mein Gelübd, — gewiß!! —
Doch mich bewegt ein irdisch Lieben
Von Mond zu Mond die Handlung aufzuschieben,
Die mich auf ewig von dem Allen trennt,
Das mein Gefühl als Gut der Güter kennt.
— Hier, theure Mutter, hast Du die Geschichte
Von meiner Schwachheit. Nun verwirf mich, — richte!"

„„Ich Dich verwerfen? — dann verwerfe mich
Der große Gott am letzten aller Tage.""
— So spricht Mathilde. — „„Dein Geschick verklage,
Von jedem eig'nen Vorwurf löse Dich.

Der Liebe Pfeil hat, glutbeschwingt, gefunden,
— Man sucht ihn nie, — dein ungewarntes Herz,
Nach einer Kindheit, die, gleich leeren Kunden
Der Ammenwelt, ohn Werth und Ernst verschwunden.
Dein strenger Lehrer war der Schmerz.

Nur Deinem Vater ziemt es, daß er bebe,
Falls er durchschaut im Tode seinen Wahn.
Nur Reginald, — o daß ihm Gott vergebe!! —
Riß Doppelschuld herab auf seine Bahn.
Was konnt' er wirken mit dem reinen Willen!!
Den Riesenkampf um Kreuz und Koran stillen,

Den Scheikh besiegen, sich besiegend. — Er
War glänzend, eitel, — und nichts mehr.
Er hatte Dich zum Rausch der Lust erlesen.
Nur Schleyer suchte seine Leidenschaft.
Für das Erhabne war er ohne Kraft,
Und überall ist er nur halb gewesen.
Er ist nicht werth Herr Deiner Brust zu seyn.
Weis' ihn hinaus. Mit doppeltem Entzücken
Führ dann ich selbst Dich in das Leben ein,
Und kein Gelübd soll Dir das Ziel verrücken.
Der Willen ist ein Gott auf rechtem Pfad,
Und dem Beruf darf nur die That sich neigen.
Des Papstes Spruch, des Klosters Recht sind matt,
Wenn Deiner Brust Gebieterstimmen schweigen.""

So mahnet weltklug die Beschützerin:
Doch kaum vom Mund ist ihr das Wort geflogen,
Da stäubt ein Reiter durch des Thores Bogen.
Die Gräfin sieht erstaunet nach ihm hin.
„Welf! — ruft sie, — Welf! — woher? zu dieser Stunde?
Der Knappe meines Sohns. Er kehrt nach Haus.
Der alte Sänger löst sein Wort. — Hinaus,
Schnell zu vernehmen die geliebte Kunde!"

Doch eh den Fuß zur Eile sie bewegt,
Stürzt Welf verstört in das Gemach. — Entsetzen
Sträubt auf sein Haar, das um die Stirn ihm schlägt,
Als ob die Schaaren ihn des Abgrunds hetzen.

„Mord, ruft er, — Mord! — zu Hülfe meinem Herrn.
Von Bubenhänden ist er angefallen,
Als ihm gefiel, vom Schlosse nicht mehr fern,

Zur Waldkapelle fromm gestimmt zu wallen.
— Wir hören Lärm, — wir eilen hin, — und sehn
Ihn an der Wand den Buben widerstehn,
Ob Ströme Bluts aus seinem Busen rinnen.
Die Meuter fliehn, das Dickicht zu gewinnen.
Der Graf indeß ist sinnlos, todtenbleich
Schon hingesunken. — Einer Leiche gleich
Wird er bereits empor zur Burg getragen.
Ich flog voraus dieß Unglück anzusagen.
Schafft Mittel her, — eilt, — ordnet den Verband.
Ist Hülfe nicht, und rechte, bey der Hand,
So werden wir um seine Bahre klagen."

Die Gräfin sinkt erschüttert, ohne Laut
An ihrer Freundin Brust. — Doch schnell bemeistert
Sie Schmerz und Schreck. Durch keine Noth entgeistert,
Ist ihr Entschluß gediegen auferbaut.
Mit einem Ton gewöhnter Festigkeit
Gebietet sie Marien: „wohlerfahren
Erkannt ich Dich in ähnlichen Gefahren.
O halte schnell, was frommen kann, bereit."
— Sie fliegt hinaus, dem theuern Sohn entgegen,
Deß Trauerzug man auf den fernen Wegen
Schon kommen sieht.

Das Assassinenkind
Holt alle Mittel, die zu finden sind,
Der Wunden Schmerz, das Fieber zu bestreiten,
Und läßt das Lager, den Verband bereiten.

Ein Lärm im Schloß sagt Heinrichs Ankunft an.
Der unt're Saal hat ihn bereits empfangen.

Er weiß von nichts. — Gesunken sind die Wangen,
Und mühevoll schafft sich der Athem Bahn.
Der linken Brust, die tief der Stahl durchstochen,
Entrieselt Blut. – Sein Auge zuckt gebrochen
Nur selten auf. — Die blasse Mutter kniet
An seiner Bahre, prüft die kranke Stelle,
Den Fluß des Blutes, und des Pulses Schnelle.
— „Das Fräulein ruft:“ gebietet sie: — „geschieht
Das Rechte nun, so wird in wenig Stunden
Er sicher seyn. — Nicht tödtlich sind die Wunden.“

Maria kommt in Eil, die Wangen heiß
Von schwesterlicher Sorgfalt, ganz ergeben
Dem schönen Eifer für des Jünglings Leben,
Den im Voraus sie sich verbrüdert weiß.
Der Heilung Mittel sind in ihren Händen.
Sie naht im Flug der Bahre. — Ha! — da fällt
Ihr Aug' auf Heinrichs Angesicht, — es weichet
Der Wangen Roth, als ob ein Blitz, geschnellt
Aus Wolkennacht, ihr Brust und Stirne streichet.
Dann hingeworfen, wie durch Sturms Gewalt,
Stürzt neben Heinrich sie zur Erde nieder.
Ihr Zeterschrey hallt in den Sälen wieder:

„Ihr Heiligen des Himmels! — Reginald! —“

II.

Die Sommernacht umwebt die Rebenhügel
Mit Silberlicht des monderhellten Thaus,
Nur dunkel fällt vom Schloß ein Schattenflügel
Aufs Gartenland des vielgethürmten Baus.
Die weite Burg beherrscht ein tiefes Schweigen:
Nur in den beyden Winkelerkern zeigen,
Die weit des Hauptgebäudes Länge trennt,
Zwei Fenster Licht, das halb gefangen brennt.
Ein flimmernd Fünkchen, gleich dem Glühwurm, sendet
Ein Licht dem andern zu von Zeit zu Zeit,
Das, einen schnellen Schatten zum Geleit,
Die Fenster streifend, durch den Bau sich wendet.

Die beyden Lichter, welche kaum noch schimmern,
Sind von den Lampen aus den Krankenzimmern
Mariens, Heinrichs: und das Fünkchen dort,
Das, nirgend heimisch, flieht von Ort zum Ort,
Spielt um den Docht der Kerze, die dem Wallen
Der Gräfin leuchtet, welche Wartung theilt
Den Leidenden in gleichem Maas, und eilt
Dahin, daher, durch Zimmer, Gäng', und Hallen.

Wir folgen ihr von Heinrichs Bett, (er ruht
Im guten Schlaf,) — Mariens Schmerz zu sehen,
Den Schreckensgrund der Armen zu verstehen.
— Sie lag zuvor in heißer Fieberglut.
Die Freundin öffnet leise das Gemach,
Tritt leiser ein, und sieht die Kranke wach,

Dem Bett entschlüpft, auf ihren Knien liegen.
Die reichen aufgelösten Locken fliegen
Um Hals und Brust. — Die zarten Hände sind
Inbrünstiglich gefaltet. — Armes Kind!
Soll Dein Gebet den innern Kampf besiegen?

„O meine Mutter!“ ruft sie, springt empor,
Um an Mathildens treue Brust zu fallen:
„Bring Du den Stab, den meine Hand verlor,
Du Trösterin, Du, Schutzgeist mir vor Allen.
— Lebt Reginald? — o! kann er mich noch sehn?“
— „„Wie, süßes Kind,““ — ermahnt Mathilde, — „„fasse,
Damit die Kraft vor keinem Wahn erblasse,
Die Gegenwart Dich selber zu verstehn.
Kein Reginald! — Wie könnte der erscheinen
Hier als mein Sohn? Beym Ewigen und Reinen!
Mein Heinrich ist der Mann, den wir beweinen.
Sein Wandel liegt vor meinen Augen da.
Ihn hätte nicht der Fürst der Assassinen
So schwach erblickt. — Er hätte treu vollbracht
Das fromme Werk. — Sein brüderliches Dienen
Nie traf es Dich mit unglücksvoller Macht.““
— Maria schweigt, und sinnet. — „Ich erkenne,“
So klagt sie dann, „daß mein verwirrter Sinn
In Täuschungen von wachen Träumen brenne.“
— Sie schweigt von neuem, starret vor sich hin.
„Und doch,“ — so hebt sie wieder an; — „ich schaute
Die schöne, hochbefreundete Gestalt,
In jedem Zug, in jedem! — Reginald.
— Ha wie sein Blut von seinem Busen thaute!
Beym Ewigen! — nicht anders ließ ich ihn
Als er verhöhnt, durchbohrt von Schebedin,

Mich bittend rief, nur mich, im Schmerzeslaute.
Die lange Zeit, so centnerschwer sie wiegt,
Die zwischen Nun und jenem Damals liegt,
War weggeweht, ich stand, zurückgeglitten,
Mit einem mal in jenes Jammers Mitten.
Vor mir der cedernvolle Libanon,
In meinem Ohr des Vaters Donnerton.
Es kann nicht seyn, — es soll nicht seyn. — O leite
Mich an sein Bett, daß mir, enttäuscht, alsdann
Das Angesicht von einem fremden Mann
Die Wiederkehr der Seelenruh bereite."

Am Krankenbett des Jünglings stehen sie.
Sein Athem zeugt wie Schlummer ihn umweben.
Maria wagt den Vorhang wegzuheben,
Sie blicket hin. —
So sank die Kraft ihr nie.
Der Vorhang rauscht aus ihren Fingern nieder.
Sie wankt zurück. Die losgebund'nen Glieder
Sind halb gelähmt. Mathilde folgt ihr nach.
Doch eh' sie scheiden, tönet Heinrichs Ach!
Im Fiebertraum. — „O Kind der Assassinen! —"
— So seufzet er: — „Du weichest, fliehst vor mir.
Nicht einen Blick für mein getreues Dienen?"
— Maria schaudert: — „Weg — hinweg von ihr!"
Die Gräfin selbst in raschem Schreck befangen,
Kann zur gewöhnten Helle nicht gelangen,
Doch stützt die Freundin sie, die sinken will,
Führt sie zurück, verwirrt, erschüttert, still.

Da sitzen sie, den Geistern gleich. — Sie sinnen.
Sie möchten reden, — keine will beginnen.

Bis aus dem Zagen sich Mathilde hebt.
„Kind," äußert sie, der Ahnung Zwielicht webt
Durch meinen Sinn. — Du hast den Mann gesehen,
Deß hoher Werth mein Mutterherz erhebt,
Doch glaub' ich auch die Schickung zu verstehen,
Die räthselhaft um Deine Pfade schwebt.
Zwar liegt um mich ein Feld von Dämmerungen,
Denn Heinrichs Klagen hab' ich nicht durchdrungen,
Doch alles muß sich klären, ja, gewiß.
Laß kühn uns schweben über diesen Riß,
Der uns're Bahn getheilt, die Schreckgestalten
Zu Tage schickt, vor denen wir erkalten.
— Der Kranke dort sey nichts mehr als mein Sohn.
Du nanntest sonst Dich meine Tochter schon:
Willst Du dem Bruder Dich als Schwester zeigen?"
— Maria weint, in sich versunken, still,
Dann scheint ein Gott in ihr empor zu steigen.
Ihr Auge blizt, — sie redet fest: — „ich will!"

Der Glut, die stets in Heinrichs Brust geschlagen,
Hat wunderbar des alten Sängers Lied
Den stillen Brand der Sehnsucht zugetragen.
Das Feuer wuchs, bis es den Jüngling schied
Von jedem Trieb' im Gegensatz. Sein Dienen
Sucht dichterisch das Kind der Assassinen.
Er schuf in sich der Herrscherin Gestalt,
Erlöste sie, ersetzte Reginald.
Er webte sich ein fabelhaftes Minnen,
Ein muthig Werben, ein beglückt Gewinnen.
Nun kommt der Traum, und spiegelt als erreicht,
Was, wenn er wacht, ihn nur als Wunsch beschleicht.

Im Wundenschmerz, in seines Fiebers Brennen
Ließ ihn ein Licht, das in die Seele kam,
Mariens Kommen, ihren Reiz erkennen:
Und als den Ruf er „Reginald! —“ vernahm,
Da hob sofort ihn auf den Flammenschwingen
Der kranke Wahn, ihn mächtig, wundersam,
In eine ferne Mährchenwelt zu bringen.
Er wähnet sich verwundet in dem Streit,
Da seine Kraft des Thurmes Wacht bezwungen.
Dann fühlt er sich, — als kühn er eingedrungen
Zur Schönen selbst, — ihr, und der Gruft geweiht.
— Er sieht sie fliehn, — und füllt mit seiner Klage,
Sie wiederholend stets, die nächsten Tage,
Ohn' daß ein Augenblick erhellt, gesund,
Die wirren Bilder seines Hirns verjage.
— So wird die Schwere seines Uebels kund.

Die Mutter sieht des Sohnes Kampf mit Beben.
Maria theilt die Sorge schwesterlich.
In kurzer Rast erholt der Kranke sich,
Läßt sie das Haupt dicht über seinem schweben.

Doch heller wird in ihm es nach und nach,
So daß sein Blick, von leichtem Duft umflogen,
Wenn auch gebrochen, wie durch Regenbogen,
Erfassen kann die Gegenwart, den Tag.
Und zwey Gestalten treten aus dem Traume,
Schon wirklich werdend im bekannten Raume,
Nur daß er, aufgelöset, schmachtend, matt,
Zur Freudenäußerung die Kraft nicht hat,
Und denen, die sich treulich um ihn mühten
In dumpfen Taumel scheinet hinzubrüten.

Zur höchsten Lust nimmt er Marien wahr,
Die liebevoll in seinem Dienste schaltet.
Ein Hochgefühl, das fromm und feurig waltet,
Weiht seinen Busen zum Altar.
Durch seine Glieder rieselt ein Entzücken
Fühlt an der Stirn er ihre zarte Hand,
Die sich bemüht sein Haupt emporzurücken.
— Sein Puls erbebet, hört er ihr Gewand
Die seidnen Decken seines Bettes streifen.
Doch tausend Früchte der Empfindung reifen,
Darf seine Pflegerin mit ihm allein
Und mit den Schmerzen ihres Busens seyn.
Nicht ahndet sie, daß ihre leisen Klagen
Er schon versteht, drum äußert sie die Qual,
Netzt seine Hand mit Thränen ohne Zahl,
Mit jeglicher ihm Feuer zuzutragen.

Einst da sein Auge müd', geschlossen, ruht,
Und Sie des Tages sommerliche Glut
Mit Pfauenfedern von der Stirn ihm wehet,
Da nimmt er wahr, daß sie gefesselt stehet
Von seinem Anblick, mehr bewegt als je.
Kein lauter Seufzer spricht von ihrem Weh,
Doch tiefer Athem macht die Brust ihr steigen.
Der Pfauenwedel sinkt aus ihrer Hand,
Ihr Haupt beginnt sich seinem zuzuneigen.
Schnell faßt sie sich, und ordnet den Verband.
Doch ein Moment, ein einziger, und wieder
Sinkt ihre Stirne zu der seinen nieder,
So daß ihr Hauch sich seinem mischen muß.
An seinem Busen fühlt er ihren beben.
Sie wird gezwungen, — kann nicht widerstreben,

Und seinen Mund berührt — ein leiser Kuß.
Durch seine Nerven fahren schnelle Flammen,
Die Kraft befreyt von ihren Banden sich.
Der Arme Paar schlägt über ihr zusammen,
Er hält sie fest, und ruft: — „ich liebe Dich."
— Ein Schrey von ihr, sie will entfliehn. Er ringet
Sie nicht zu lassen. — Seine süße Wuth
Reißt den Verband. Im rothen Strahle springet
Ihn, sie, beströmend das erhizte Blut.
Im zweyten Kuß, — dem stürmischen Gewinne
Des Augenblickes, — schwinden ihm die Sinne,
Er fällt zurück aufs Kissen, todtenbleich.
Die Mutter kommt. Es soll Maria sagen
Des Vorfalls Grund; — sie flehet nicht zu fragen,
In einem Ton, so tief erschüttert, weich,
Als müss' ihr Herz bey schuldigem Gestehen
Sofort in heißer Thränenflut zergehen.
— Man forscht nicht mehr, und wendet Mittel an
Des Kranken Ohnmacht zu zerstreun. Ihm kehret
Das Licht zurück, als man der Strömung wehret
Des freygeword'nen Blutes. Seht, — er kann
In eigner Kraft sich halten. — Sonnenhelle
Schlägt er den Blick empor, und sieht umher,
Marien suchend, — findet sie nicht mehr.
— „Wo blieb sie?" — fraget er mit froher Schnelle.
„„Wer? — theurer Sohn?"" — so forscht die Mutter.

„Sie!

Der ich es danke, daß ich lebe,
Nach langer Stumpfheit nun erwachet: die
Der Kräfte Fluß zurück in das Gewebe
Der Adern rief."

Mathilde staunt. — „„Und wie
Vermochte sie's, mein liebes Kind? — Ich sehe
Nur Wunderzeichen, aber ich verstehe
Nicht ihren Grund, — nichts was sie trägt und hält.
Sey deutlicher. —““

„Und wär es um die Welt, —
Erwiedert Er; — „ich kann nicht. Mutter lasse
Mir Wochen Zeit, damit ich selbst es fasse,
Welch' Unerhörtes nun mit mir geschah.
— Doch freue Dich! — der Heilung bin ich nah.
Bald wird mein Roß mich in die Kämpfe tragen.
Die letzten Feinde werd' ich niederschlagen.
Wenn Flammen hoch von ihren Burgen wehn,
Dann will ich Dir, was sich begab, gestehn:
Dann will ich Ihr, der Himmlischen —

Doch schweigen
Heißt mich ein Gott. Noch beugt ich nicht mein Knie
Zum Dankgebet. — Ich will mich würdig zeigen.
Mein Licht, — mein Stern, — mein Tag der Hoffnung — Sie!“

Die Mutter läßt des Bettes Vorhang fallen:
Ermahnet lächelnd zu Geduld und Ruh:
Geht still hinaus. Man sieht im Gang sie wallen
Mariens weitentleg'nen Zimmern zu.

III.

Des braunen Schnitters Erndtemühen sind
Vorüber schon. Ein herbstlich lauer Wind
Trägt Sommerfäden über Wies' und Lauben.
Im Rebengrün entbrennt das Gold der Trauben.
Der Lese Jubel tönt daher, dahin.
Der Winzer eilt der holden Winzerin
Den vollen Korb geschickt aufs Haupt zu setzen,
Und raubt dabey verwegen ihr den Kuß,
Der, lang versagt, geduldet werden muß,
Nun Raum ihr fehlt sich schlau zu widersetzen.

Der Knabe dort, der, glühend noch vom Tanz,
Der nackten Füße zartgefärbten Glanz
Muß in das Blut zerquetschter Beeren senken,
Denkt sicher nicht, daß erst sein Enkel trinkt
Den Most vielleicht, wenn er als Flamme blinkt,
Ohn' seinerseits des Ahnherrn zu gedenken.
— Wer eben lebt, der freue sich. — Das Heut
Ist nicht bestimmt für Morgen gutzusagen.
Das Faß ist voll, und nur in Jubeltagen
Wird aller Wesen heilig Band erneut.

Hört! — hört! — Musik! — Blandarts Hoboen klingen.
Den Gästen Gruß, die durch die Thore dringen!!
Graf Heinrich steht, holdselig wie der Traum
Des Neuvermählten in dem Arm der Lieben, —
Als edler Wirth im offnen Säulenraum.
— Der Herbst ist da, — doch ist der Lenz geblieben
In Rosenglut auf seinem Wangenpaar.

Gleich Ranken Weins weht sein gescheitelt Haar.
Sein reiches Kleid ist wohlgewählt, zu zeigen
Den höchsten Schmuck den schönsten Formen eigen.

Soll dieß Gelag in Ländlichkeit begehn
Der Lese Glück? — Nein, — mehr als dieses. — Prangen
Nicht Fahnen dort, mit Eichengrün umhangen,
Die kriegerisch den Eingang überwehn?
— Hoch auf mein Lied! — Ein Siegesfest. — Es ragen
Nur Trümmer noch, wo sonst Burg Odenwald,
Vom Fichtengraus und Lindengrün umwallt,
Das Zinnenhaupt bethürmt emporgetragen.
Der Neffe Kurds, — dem argen Stephan gleich, —
Des Oheims Macht, Parteyung, Feindschaft erbend,
Durch gleiche Mittel gleiche Freunde werbend,
Rafft auf sein Schwert, und schwinget es zum Streich.
Doch Heinrich kommt. — Aus halbgereiften Planen
Schleicht banger Mord von Odenwald herab.
Ein Engel wacht auf des Gerechten Bahnen:
Die Tugend lebt, — die Dolche gleiten ab.
Nun tritt ein Kampf, als Heinrich kaum genesen,
Geharnischt auf wie keiner noch gewesen,
In dem sich Kraft mit Feldherrnweisheit paart.
Factionen stehn zum letzten mal geschaart.
Der ganze Gau des Rheines lodert. — Dienen
Will freudig er dem Recht der Ghibellinen,
Das Heinrich mit dem eigenen verficht.
Dem Gegner fehlt der Guelfen Beystand nicht.
Doch wenn der Sturm aus den Gewittern sauset,
So kommt er schnell, damit er schnell verbrauset.
Der junge Graf, früh schon zur Kraft erwacht,
Flammt, nun gereift, ein Siegesblitz der Schlacht.

An Tapferkeit dem Roland zu vergleichen,
An Führerklugheit nur dem Ezelin,
Sieht man in zwey gewagten Treffen ihn
Die letzte Stufe zu dem Ziel erreichen.
In Odenwald, das nie bezwungne Schloß,
Wirft sich der Feind mit seinem letzten Troß,
Und Odenwald muß nun gebrochen werden.
— Gebrochen wirds. —
Von Heinrichs Händen fällt
Der Schändliche, der seinen Mord bestellt.
Der Wall der Burg ist gleichgemacht der Erden.
Von Leben nun verlassen steht der Bau,
Halb eingestürzt; — bald soll der Wandrer zagen,
Den hier beschleicht des Abends Nebelgrau,
Verirrt im Wald und in Gespenstersagen.

Doch Freude wiegt auf buntem Flügelpaar
Sich in des Siegers kränzereichen Hallen.
Der Lehnsvasallen, der Genossen Schaar
Läßt froh beym Fest, wie treulich in Gefahr,
Die volle Lust aus vollen Herzen schallen.
Der alte Zwiespalt ist beschlossen nun,
Der, vom Geschlecht zum kommenden Geschlechte,
Den Erben ließ die Frevel wie die Rechte.
Der Frevel sank auf immerdar. Es ruhn
Die Morgenröthen junger Friedenstage,
Von Segen schwer, auf Deutschlands heil'gen Aun.
Des Kaisers Blick wird nur Verehrer schaun.
Der Schnitter wird sich freuen seiner Saaten,
Die Feindesangriff nimmermehr zerstört.
Der Kaufmann zieht, ohn' daß ihn Furcht empört,
Den Märkten zu. Der Willkühr rohe Thaten

Weist in den Abgrund das Gesetz zurück.
Die Wissenschaft baut an der Zukunft Glück.
Der Sänger rufet aus des Himmels Räumen
Sein Lied herab, das Helden göttlich macht.
Der Marmor fügt sich zu des Bildners Träumen.
Aus Säulenwäldern steigt der Dome Pracht.

Die lauten Hörner laden zu dem Mahle.
Fast unabsehbar in dem Rittersaale
Steht, reichgedeckt, die lange Tafel da.
Aus Silberbrünnlein an den Enden steigen
Wohlriechende Gewässer, — durch das Schweigen
Des Tischgebetes plätschernd. — Fern und nah
Sieht froh der Blick, wohin er immer gleitet,
Die Wunder all der Kochkunst ausgebreitet.
Der ganz gebrat'ne Rehbock hebet frey
Sein künstlich Haupt mit goldenem Geweih.
Ein wilder Eber scheint den Zahn zu wetzen,
Doch, nur Pastete, wird sein Leib, so groß
Aus Teig geformt, nach einem Löffelstoß,
Der Trüffelfüllung nicht mehr Schranken setzen.
Der Kranich schwankt gespickt auf einem Bein.
Die Goldfasane heben Schweif und Kragen.
Ein Salm des Rheins läßt breit die Stirne ragen
Aus einem Teiche von gewürztem Wein.
Und, alles überstrahlend, in der Mitte
Der Tafel schlägt, — wie sonst im Leben glatt,
Und wohlgekrönet, — nach der alten Sitte, —
Der stolze ritterliche Pfau sein Rad.

Die Silberpracht von Eimern, Bechern, Krügen
Von Trinkgeschirren aller Form und Zeit,

Glänzt strahlenhell vom Schenktisch, hingereiht
Um, wohlgefüllt, dem Durste zu genügen:
An dreyßig Diener stehen wohlgepaart,
Auf Arm und Brust die Wappen von Blandart.
Der Mundschenk wartet, der Trinschirer naht,
In steifem Rock von schimmerndem Brocat.
Den Segen sprach der Priester murmelnd schon,
Und alles harrt auf der Trompeten Ton.
Der jubelt auf. — Umringt von ihren Frauen,
Im ernsten Schmucke, tritt die Gräfin ein.
An ihrer Hand läßt sie Marien schauen,
Und beyde gehn in Grüßen durch die Reihn.
Mathilde frey, mit königlicher Milde,
Die Jungfrau zart in Schüchternheit erglüht.
Kein Blick verweilt auf diesem Doppelbilde,
Dem Wonnelicht des Beyfalls nicht entsprüht.
Ein Sommertag in seinem reifen Prangen,
Mit einem Morgen aus des Lenzen Schaar,
Sind schwesterlich verbunden aufgegangen
In diesem reitzevollen Frauenpaar.
Doch in der Ehrerbietung tiefem Schweigen,
Wie der Moment es aufgerufen, neigen
Sich doch der Jüngeren die Herzen zu,
Wobey die Blicke gern auf Heinrich fallen,
Gerüchten folgend, welche rings erschallen,
Und Jeder spricht; „beglückter Jüngling Du!"

Das Mahl beginnt. Maria, Heinrich sitzen
Sich gegenüber. Vor den Sehnsuchtsblitzen
Durch seine Wimper senket ihre sie.
Der tieferregte schöne Busen bebet
Im Atlas sichtbar, welcher ihn umwebet,

Und eine Geisterstimme sagt ihr: „flieh!"
Hat sie den Schmerz, nun mondenlang geduldet,
Durch früher Jugend Irrthum wohl verschuldet?
Dem Herzen weh, das sich zu Gütern kehrt,
Die des Gewissens Machtgebot verwehrt!
Das Herz getheilt, zwey strenger Mächte Raub,
Wird wieder eins gelöst in einen Staub,
Und Staub zu seyn, es ist Mariens Flehn,
Nicht was sie wünscht, und sich versagt, zu sehn.
Sie hat im Busen Reginald getragen,
Als ein Gebot in Ketten sie geschlagen,
In ein Gelübde, das ein Mittel schien,
Von Gottes Zorn zur Gnade hinzufliehn.
In Heinrichs Zügen, seiner Stimme findet
Den wieder sie, der noch das Herz ihr bindet.
Ihr Wille schwanket mehr als je. — Sie kann
Sich wenden nicht. Sein ehrfurchtsvoll Bezeigen,
Viel schmeichelnder als jenes Templers Nahn
In Sturmes Wüthen, machet sie zu eigen
Dem reineren, dem würdigeren Mann.
Zwar glaubt in ihm sie Reginald zu lieben,
Doch Anfangs nur, bald unterscheidet sie,
Fühlt, ihr Idol sey Heinrich nur geblieben,
Will vor sich selbst sich retten, — weiß nicht wie.
— Sie weiß nicht wie? — Des Klosters kalter Frieden,
Dem sie sich selbst durch raschen Schwur bestimmt,
Liegt offen da. — Nicht ist ihr Kraft beschieden,
Daß den Entschluß sie sich zur Rettung nimmt.
Wohin nach Rath soll sich die Arme wenden,
Der ach! ihr nicht aus eignem Busen steigt?
Hier Heinrichs Zärtlichkeiten, die nicht enden,
Die Mutter dort, die sich ihm günstig neigt.

Und Sohn und Mutter glauben fast errungen,
Was beyde wünschen. Heinrichs Werbung hat
Mariens tiefstes Innerstes durchdrungen.
Sie wies nicht ab, weil er so glühend bat.
Sie wies nicht ab, hat nicht gewährt; — sie meinet
Noch sey sie frey, wenn ihrer Freundin scheinet
Ein Anlaß nur sey noch zurück, um ganz
Sie zu verwinden in den Myrthenkranz:
Ja, dieß Gelag des Sieges ist erlesen
Dich zu besiegen, ahndungsloses Wesen.

Mathilde winkt, — die Pagen sind bereit,
Die, sie bedienend, ihren Sitz umringen,
Den gold'nen Becher auf den Tisch zu bringen.
— Ein Prachtgeräth, aus Karl des Großen Zeit,
Vom Griechenkaiser ihm geschenkt. Es zeigen
Darauf gebildet sich die tapfern Reigen
Des Alexander, die, nach kühnem Streit,
Durch Babylon ihr Siegsgepränge tragen.
Der König selbst, auf reichverziertem Wagen
Den Elephanten ziehen, hebt zum Rand
Ein Flügelbild des Siegs in seiner Hand. —
Nie durften Lippen diesen Becher rühren,
Als wenn im Haus Blandart das Hochzeitmahl
Den Herrn vereinigt mit der süßen Wahl,
Im Umtrunk Jubel durch den Kreis zu führen.

Die Gäste kennen die Bedeutung schon,
Der Mutter schelmisch winkend und dem Sohn.
Der volle Becher, nur mit Müh' zu heben,
An Gottfried wird vom Thal er hingegeben.
— Der Alte steht, und sinnet hocherglüht.

Sein treues Auge, das in Thränen sprüht,
Ruht auf dem jungen Lehnsherrn wonnetrunken.
In Schweigen ist der ganze Saal gesunken.
Der edle Greis erhebt den Becher, spricht:
— „Dem Siegesmahle fehlt die Hoffnung nicht
Des schönsten Lohns, denn ohne Blüten bliebe
Des Sieges vollster Lorbeer ohne Liebe.
Die selige verbreite Lust und Licht.
Ihr sey der Trunk aus reinem Gold gegeben.
Hoch Graf Blandart! — und die beglückt ihr schaut,
Als ihres Siegers wunderholde Braut,
— Armeniens Königsenkelin soll leben."

„„Hoch!"" — braust der Ruf der Gäste. — Hell gewittert
Trompetensturm vom hochgebühnten Chor.
„„Hoch!"" noch einmal. Der ganze Saal erzittert.
Zum dritten mal! — Der Lärm betäubt das Ohr.

Von allen Seiten steht man auf. Es dringen
Die Freudigen, den Glückwunsch darzubringen.
Mathildens Auge schaut verklärt. Der Sohn
Wähnt, fortgeführt auf der Entzückung Schwingen,
Zu baden sich in Sonnenstrahlen schon.
— Doch, nur den Geistern, die das Grab umschleichen
Um Mitternacht, an Blässe zu vergleichen,
Steht die zur Braut Ernannte zitternd da.
Man sieht sie, schweigt urplötzlich; — welche nah
Sie schon umstehn, sind abgeschreckt, und weichen.
Der junge Graf senkt finster seinen Blick.
Die Mutter, freyer waltend im Geschick,
Auf Jegliches, das kommen kann, bereitet,
Trifft schnell das Bett, in das den Strom sie leitet.

Sie drückt Marien zärtlich an das Herz,
Und ruft: „— wie süß ist dieser Schein von Schmerz,
In welchen rühmend Du Gewährung kleidest.
Schön ist die Freyheit. Wenn von ihr Du scheidest,
Ist tiefe Regung Deiner Brust erlaubt.
Doch was Dir wenig frommt, ist Dir geraubt,
Und herrschen wirst Du, wo Du Schranken leidest."

Sie will in Heinrichs Arm sie legen. — Ha!
Nun flammt ein Roth, wo todtenweiß man sah
Der Wange Wölbung, und die Stirn der Bangen.
Sie weicht aus Heinrichs brünstigem Umfangen.
Im starken Athem wird die letzte Kraft
Aus ihrem Innersten emporgerafft.
Sie spricht zum Grafen: „frey will ich bekennen
Daß ich Dich liebe, mehr als Alles. — Nur
Ein dunkler Riese hebet sich mein Schwur,
Du kennest ihn, auf ewig uns zu trennen."
— Er aber, — will er ihre Noth nicht kennen,
Kann er nicht fassen, was sie stockend spricht,
Scheint ihm ein Wahn, was ihr noch gilt als Pflicht,
— Er schließt die Lippen ihr mit Feuerküssen.
Sie, halb betäubet, findet Trost im Müssen.
Die Pauke dröhnt, der Zinke Jubel klingt,
Und das Gelag beginnt mit seinen Gluten,
Was fremd ihm war, aus sich hinwegzufluten.

Der Nachtisch kommt in bunter Fülle bald.
Der Freudensturm des Instruments verhallt.
Ein Wunderspiel soll in erhöhten Sinnen
Den Tempelbau der feinen Kunst beginnen.

— Die Minnesänger sind versammelt schon
Auf zweytem Söller, schimmernd wie der Thron
Des Kaisers selbst, den ersten überschwebend,
Von dem der Klang der Silberhörner bebend
Zuvor erscholl. — Ihn schließet rings umher
Ein Gitterwerk aus gold'nem Drath, und Decken
Von vielen Franzen, Quasten, Flittern schwer,
Sind vorgehängt, die Sänger zu verstecken,
Daß, unzerstreut durch Weltgetümmel, frey,
Die Künstlerseelen sich begeistert heben,
Und jedem Hörer ihrer Melodey
Der Vollgenuß so hoch gesteigert sey,
Dem Glauben sich an Geister hinzugeben,
Die Lied und Luft zum Elfenfest verweben.

Zehn Harfen wirbeln plötzlich auf einmal.
Der reine Klang durchfliegt den Rittersaal,
Dem Schwane gleich, der zu den Abendröthen
Sich sehnend schwingt, in Wonnen sich zu tödten.

— Still, alles still. — Ein zweyter stärkrer Ton,
Zehn volle Seraphstimmen steigen schon.
Ein Chorgesang; — daß Kunst und Heldenwillen
Verbrüdert sind; daß Liedeszauber pflegt
Der Wunden Blut, die wilde Stärke schlägt,
Mit süßem Lob, das wonnig kühlt, zu stillen.
— In regem Wechsel woget hin der Laut,
Nun schüchtern, zart, dann mächtig auferbaut.
Hier fragt er weich und schweigt beschämt; — sofort
Rollt tiefe Kraft ihm würdig Antwort dort,
Und mild gedämpfet flüstern dritte Stimmen
Wie Nachhallseufzer, die den Wald durchschwimmen.

Ein sanfter Schluß. — Als Ton auf Ton verhallt,
Glänzt jeder Blick, und jeder Busen wallt.

Horch! — Da beginnt ein Saitenspiel zu klingen.
So schwirrt empor der frühen Lerche Schall,
Wenn hochentzückt, im unbegrenzten All,
Sie wirbeld steigt auf schnell bewegten Schwingen,
— Gepriesen wird der Liebe Glück und Macht.
Das Lied entführt zu magischen Gefilden,
Durch Meeressturm, die Flammenwuth der Schlacht,
Und weilt zulezt, in feenhafter Pracht,
Als Hochzeitsgast bey Siegfried und Chrimhilden.
Sein Werben malt es, seine Heldenthat,
Ihr Zagen dann, bis es verwegen naht
Der lezten Gunst, dem heimlichen Entzücken,
Doch harmlos stets, denn seine Kühnheit ehrt
Die Schicklichkeit, und weiß sich unbeschwert
Durch tausend Rosen schalkhaft hinzudrücken,
Ohn' daß ein Blatt von ihren Kronen fällt.
— In einem Ach, das aus der Seele schwellt,
In bloßen Tönen, die wie Küsse flüstern,
Ohn' daß ein Wort erhellet, was im Düstern
Sich ahnen läßt, — in sterbendem Gewühl, —
Schließt sich der Sang, — ganz Wollust, ganz Gefühl.
— Wohl funfzig Augen winken. Funfzig Lippen
Sind süß gespizt, um — Cyperwein zu nippen.

Da steigt ein Klang so wie der Morgenstrahl,
Im Sinn und Herz durchzitternden Choral.
Die neue Hand, von der die Saite bebt,
Stürmt gleich dem Aar, wenn er im Zorne strebt,
Und im Accord, erschütternd, lang gehalten,
Fängt an das Wort sich schlagend zu gestalten.

„Liebe, gleich der Balsamfülle
Junger Rosenpracht,
Nicht bedarf sie Liedeshülle
Zu der Herrschermacht.
Ihr beseligend Verbinden
Fügt der Sterne Licht,
Doch wo wirst du Stützen finden,
Reizlose Pflicht?

Hast den Templer du gehalten,
Der die Schwüre brach?
Liebe, deinen Truggestalten
Gab er sündig nach.
Ließ die bang Verführte schwören,
— Ärger Frevel! — nie
Anderm Manne zu gehören,
Bis er löse sie.

Im Capitel kniet er lange
Vor des Meisters Sitz;
Von der Prüfung blaß die Wange;
Wie gelähmt vom Blitz.
Seine Brüder schaun im Grimme
Den Verruchten an.
Donnernd fragt des Meisters Stimme:
„Was hast Du gethan?“

„„Statt um Christi Ruhm zu streben,
Werkzeug ihm geweiht,
Wagt ich sein Gebot zu weben
Mir zur Eitelkeit.

Nur mein thörichtes Bezeigen
Hat das Ziel verfehlt,
Dem sich gläubig zuzuneigen
Halb der Feind erwählt.""

""Reine Keuschheit mußt' ich schwören,
Als das Kreuz mir ward;
Und ich hab', — ein schwer Empören! —
Nicht den Schwur bewahrt.
Von der Regung wilder Triebe
Plötzlich aufgeschreckt,
Hab' ich mit der Weiberliebe
Mein Gelübd' befleckt.""

""Einer Jungfrau, fortgeführet
Aus des Vaters Haus,
Hat den Mund mein Kuß berühret,
In der Sünden Graus.
Und nicht soll von Weiberlippen,
Gruß der Lüsternheit,
Ein geweihter Templer nippen,
So befiehlt sein Eid.""

""Hab' ich weiter nichts begangen,
Fehlt ich doch zu viel.
Meine Brust ein Nest voll Schlangen,
Und der Tod mein Ziel.
Eine Tröstung, — daß mein Leben
Ist verwirkt durch Schuld.
Lasset bald mich hin es geben.
Ach! — mir fehlt Geduld!""

—„Und Geduld denn sollst Du ziehen
Aus des Elends Born.
Durch die Länder sollst Du fliehen
Mit des Himmels Zorn.
Für Dein eitel Ueberheben
Sey fortan nur Staub.
Ausgestoßen sollst Du leben,
Der Verachtung Raub.“

„Für verbot'ner Liebe Flammen
Pilg're liebesarm.
Jeder Blick soll Dich verdammen,
Dich und Deinen Harm.
Wo der Unschuld Jubel tönet
Darfst Du weilen nicht.
Wo das Glück die Tugend krönet,
Lieg, ein Sklav der Pflicht.“

„Fechte, siege für die Besten
Ohn' daß Ruhm Du hast.
Nahe Dich den Freudenfesten,
Aber nicht als Gast,
Nicht begegne dem Erbarmen,
Wenn Dich Pein durchzieht,
Weil Dein Blick in andern Armen
Deine Liebe sieht.“

„Ist Dir dann aus Dornenkronen
Die Geduld erblüht,
Darfst Du wieder mit uns wohnen,
Sündlos, reingeglüht.

Klopfe dann am Tempelthore:
Rufet man: — Herein!
Wirst in Deiner Brüder Chore
Du willkommen seyn."

„Wie Du selbst Dich angeklaget,
Sey Dein Richter Du.
Was als Stern des Ordens taget
Ist Gewissensruh.
Aus des Herzens heißem Bluten
Quillt des Templers Pflicht,
Darum kreuzen rothe Gluten
Seines Mantels Licht."

— Und der Meister hat vollendet,
Und der Büßer geht,
Still den Wüsten zugewendet
Wo der Gluthauch weht.
Seine nackten Füße brennet
Syriens heißer Sand,
Doch sein wunder Busen kennet
Schmerzesvollern Brand.

Nur mit Eremiten rastend,
Nach der Beichte Qual;
Vor der Freudenfülle fastend,
Seine Reu' zum Mahl;
Für die Besten kämpfend, siegend,
Ohn' daß Ruhm ihn kränzt,
Ringt der Büßer, nicht erliegend,
Weil ihm Hoffnung glänzt.

Seiner Seele schlaffe Saiten
Spannet neu die Kunst,
Läßt er Harfentöne gleiten
Zu des Liedes Gunst.
Und die sündig er umfangen
Wird ein Engelbild.
Ihm vom Himmel, nachtumhangen,
Winkt sie strahlenmild.

Das Gelübde will sie wählen,
Das für Gott sie krönt.
Gleicher Kampf der gleichen Seelen
Bindet, und versöhnt.
Wenn der Märtyrer zur Krone
Sich beseligt kehrt,
Hofft er sie von der zum Lohne
Die sein Herz verehrt.

Dort in jenen lichten Räumen,
Wo nicht Schuld es giebt,
Darf er Die sein eigen träumen,
Die er schmerzlich liebt.
Das Gelübd' nur knüpft im Staube,
Mit ihm fällt der Eid.
Und die Liebe trägt der Glaube
Zu der Ewigkeit.

Doch nur in der Flamme Qualen
Wird das Opfer frey.
Grimme Folter muß bezahlen
Daß es selig sey.

Nicht begegnend dem Erbarmen,
Sieht der Büßer stehn,
Die er liebt in andern Armen,
Rüstet sich zu gehn.

Denn er darf dem Tempelthore
Wieder nahn, und Du
Führest, Meister, ihn dem Chore
Seiner Brüder zu.
Daß die Braut, erbangt im Leide
Nicht vergessen sey,
Spricht von ihm gegebnen Eide
Reginald sie frey.

Treib' ein Höh'rer seine Rechte,
Ihm gelobt, nicht ein.
Purpurn glänzt verklärt durch Nächte
Kreuz dein Siegesschein.
Was im Staub' sich hier geschieden
Trennt sich dort im Licht.
Wonnig ist der Liebe Frieden,
Selig macht die Pflicht!"

Die Harfe schweigt, da mit Orcansgewalt,
Als wie von einer Riesenfaust zerschmettert,
Den Ton sie gab, der durchs Gewölbe wettert,
Und gellend rückwärts von den Säulen prallt.
Graf Heinrich steht erhizt. — Ein Diener flieget
Zum Sängerchor hinan auf sein Geheiß.
Mathilde fängt Marien auf: — sie lieget
An ihrer Brust, bewußtlos, leichenweiß.
Die Gäste fahren von den Sitzen. Nieder

Eilt jener Diener von dem Söller wieder.
„— Ein alter Sänger,“ — spricht er, — „sang dieß Lied,
Der, allen unbekannt, sich eingefunden,
Und, als er schloß, man weiß nicht wie, verschwunden.“
— Ein Geisterschauer durch die Halle zieht.
Maria wird als todt davon getragen. —
Mathilde folgt im Auge stumme Klagen.
Die Freude liegt vom Donnerkeil erschlagen.
Der Saal ist leer, denn Jeglicher entflieht.

Fünfter Gesang.

I.

Der stolze Rhein macht eine Bucht ins Land,
Wo schauervoll die Schatten alter Eichen
Der Flammenpracht des Mittags nicht entweichen.
Der kleine Bach, der sich durch Felsen wand,
Um zwischen Steinen murmelnd hinzufließen,
Wird sanfter hier, sich in den Rhein zu gießen.
Er, und ein banger Vogel, der zu weit
Verflogen sich in dieser Dunkelheit,
Um einem spröden Weibchen nachzujagen,
Vielleicht der Turteltaube heis're Klagen,
Der den Gemahl ein Sperber fortgetragen,
Sind Stimmen nur in dieser Einsamkeit.
Wenn Morgens früh die Sonnenstrahlen fallen
Von Osten her, — vom West am Abend spät,
Dann hört nicht fern man einer Glocke Hallen,
Das schauerlich wie Todesmahnung weht.
Zehn Schritte nur in einem Seitenflügel
Von Trauerbirken, auf gebahntem Pfad,
So schließt den Gang ein waldumkränzter Hügel,
Der hoch ein Kloster unter Linden hat.
St. Annenstift, den Ursulinerinnen
Vom Ahn des Grafen von Blandart erbaut,
Um seiner Seele Frieden zu gewinnen,
Und seiner Enkel Schirmvogtey vertraut.

Soll ein Gemüth, das liebevoll gehalten
Den Erdenwunsch, und schwergetäuscht erglüht,

Durch Selbstbeschauung nach und nach erkalten,
— Hier ist der Ort. —

Will, schonungslos bemüht,
Der wilde Sinn der Schwärmerin zum Leben
Der Uebersinnlichkeit sich formend heben,
Und in der Träume nie getrübtem Schein
Ganz unter Heiligen und Engeln seyn,
— Hier ist der Ort. —

So wie, versteckt, im Weiten
Des Rheines schiffevolle Wogen gleiten,
Daß, kaum vernehmbar in der Morgenluft,
Durch dichten Wald des Schiffers Stimme ruft:
— So wie die Jagdbahn fern sich abwärts windet,
Daß Nachhall nur von Horn und Meuten findet
Den Klosterhof: —

so wie das Weideland
Nur erst beginnet an des Forstes Rand,
Daß Stiergebrüll und Heerdeglocken klingen,
Zu junger Hirten klagender Schalmey,
Gleich Kindheits-Liedern, die vereinzelt dringen
In späten Lebens müdes Einerley:
— So ziehn des Weltlaufs Zwecke weitgeschieden
Von dieses Hafens wandellosem Frieden.
Ein Minstrel höchstens irret in den Hain
Still in sich dichtend also tief hinein;
Sieht überrascht die geistigen Gestalten
Der Nonnen fern im Blumengarten walten.
Er sinkt aufs Moos, — ihn überkommt wie nie
Dein süßer Schmerz, Melancholie.

Nicht Freude wohnt in diesen heil'gen Mauern,
In diesen Zellen, aber auch kein Trauern.

Das Leben ruht, ohn' daß es prüft und sinnt,
Im Arm der Andacht als ein schläfrig Kind,
Und regt es sich, zur Klarheit sich zu wenden,
So lullt mans ein mit Liedern und Legenden,
Giebt Flitterwerk zum Spiel ihm, dann vermißt
Es nickend nichts, — und alles ist — wie's ist.

Nur heut, als kaum der Thürme Doppelspitzen
Vom ersten Gruß der Morgensonne blitzen,
Wallt ungewöhnte Regsamkeit
Durchs Kloster hin. — Die Nonnen sind bereit
Im Garten schon der Blumen schönste Menge
Vom Stock zu schneiden, noch vom Thaue naß.
Dort senkt man Lilien in ein Vasenglas,
Hier sind Narzissen, Rosen, im Gedränge
Des vollen Kranzes, welcher bänderwoll
Den Hochaltar des Kirchleins schmücken soll.
Jedoch am lautesten bewegt die Welle
Sich da, wo sonst ein Heimchen höchstens sang;
Bey der Aebtissin gern vermiedner Zelle
Wogt aus und ein der allerhöchste Drang.
Ihr leerer Raum, aus dem verwiesen worden
Als weltlich eitel selbst ein Blumenstraus,
Sieht wie der Putzraum einer Fürstin aus.
Ein Prachtgewand, besetzt mit gold'nen Borden,
Ist auf den Finger eines Bilds gehenkt,
Den drohend es auf eine Sanduhr senkt.
Vom Pulte glänzt ein Perlenschmuck. Aus Wellen
Des reichen Schleyertuchs von Rosenflor,
Grinzt, halb verdeckt, ein Todtenkopf hervor,
Den Gegensatz erschütternd darzustellen.

Die greise Domina sizt ernst und still.
Mit Augen, leuchtend wie zwey Wintersonnen,
Sieht kalt sie zu, wie dort ein Kreis von Nonnen
Die herrlichste Novize schmücken will.
Dieß ist ein Fest der guten frommen Seelen,
Die Kinder bleiben selbst in weißem Haar,
Und nicht bedenken, da das Spiel sie wählen,
Daß es ein Opfer ist für den Altar.

Dieß Opfer weint nicht, — lacht nicht, — ruht,
Heißt, was man treibt, nicht schlimm, nicht gut,
Läßt schmücken sich mit höchsten Reichthums Gaben,
Mit Fürstenpracht, ohn darauf acht zu haben.
Zur Seite steht dem Mädchen eine Frau,
Ganz eingehüllt in Trauerschwarz und Grau,
Die heftig weint, — sich neiget, — daß sie küsse
Die Stirn der Einzukleidenden, als müsse
Der künft'gen Nonne stiller Schein von Kraft
Ihr Anker seyn, eh' sie der Schmerz entrafft.
Die Gräfin von Blandart ist diese Bange.
Das schöne Kind mit halb verblichner Wange,
Mit diesen Augen thränenlos und matt,
Das nun die Probezeit bestanden hat,
Damit es heut den Schleyer noch empfange,
— Es ist Maria.

Durch der Locken Glanz
Schlingt eben jezt man ihr den Myrthenkranz.
Ein leichtes Zittern reget ihre Glieder,
Doch faßt sie sich, und lächelt scheinbar frey.
Die Gräfin aber sinkt mit einem Schrey
Der höchsten Qual an ihrem Sessel nieder.

Nun steht sie fertig die geweihte Braut
Des Himmels, der Entsagung, und der Thränen.
Wie schön sie strahlt! — so schimmert, hell bethaut
Vom Morgenhauch, die weiße Rose. — Sehnen
In ihrem Auge, das nach oben strebt.
Die Sinnlichkeit, die sich so hoch erhebt,
Dieß Engelbild in ihren Wunsch zu ziehen,
Sie wagte nur, um tiefbeschämt zu fliehen.
So naht der Vogel sich dem Wasserfall:
Er schüttelt sich, genezt von Schaumesflocken,
Zuckt, halbbetäubt vom Druck der Luft, vom Schall,
Zur Seiten hin, — erholt sich, — flieht erschrocken.

Die Pförtnerin tritt ein, die Domina
Leis anzuflüstern, welche sich erhebet
Und zu Marien spricht: — „nun ist er da.
Schon wartet er im Sprachgemach.“ — Es bebet
Die Klosterbraut. Zwey große Tropfen stehen
In ihrem Aug'. — „Ich kann ihn nicht mehr sehen:“
— So stammelt sie. — „„Wie? — fragt die Priorin, —
Und willst ihm doch mit freyem Muth entsagen?
Warum denn tratst in unsern Kreis Du hin,
Kannst Du den Abschied von der Welt nicht tragen?
Du hast das Heil gesucht, — das Heil nicht Dich,
So geh denn hin, es offen darzulegen.
Der frohen Braut schwebt Christus nur entgegen.
Geh, — zaudre nicht, — die Leiterin bin ich.“ “
— Sie faßt die Hand der Bangen, führt sie nieder
Zum Sprachgemach. —

„Hier laß ich Dich allein, —
Verkündet sie. — „Sey, was Du seyn sollst, wieder.“
— Sie dreht das Schloß, und läßt Marien ein.

Bey matten Lichtes wechselndem Gefunkel,
Das durch der Halle bunte Fenster fällt,
Sieht die Bewegte, daß im rothen Dunkel
Des Hintergrund's ein Mann sich aufrecht hält,
Indem er sich an einem Betaltare
Müd' überhängend stützt. — Gekleidet ganz
Ist er in Schwarz, und sonder allen Glanz.
Der Wimper Senkung nimmt dem Augenpaare
Des Lebens Strahl: — so gleicht der blasse Mann
Dem reinen Dulder St. Sebastian,
Der, tief durchbohrt von feindlichen Geschossen,
An Heil gewinnt, was er an Blut vergossen.

Maria zaudert, — doch sie muß ihm nahn.
Sein Blick beginnt sich langsam aufzuheben.
Ihr Aug' erträgt des seinen Vorwurf nicht,
Sie birgt es schnell, doch faßt sie sich, und spricht
Leis', bebend: „Heinrich, hast Du mir vergeben?"

Mit fester Würde tritt er vor. Die Kraft
Spannt neu den Halt der königlichen Glieder.
Mit feyerlicher Größe sieht er nieder
Auf die Geliebte, die den Schmerz ihm schafft.

„Vergieb Dir selbst," — erwiedert er, — „ich liebe
So glühend Dich, daß selbst der tiefe Gram,
Der nur durch Dich in meine Seele kam,
Nichts in mir duldet als die weichen Triebe.
Du hast indeß nicht wohl an mir gethan.
Du warfst mich hin für einen trüben Wahn.
Der Schwur, den einst dem Templer Du gegeben,
Der, Deiner unwerth, nur in Schuld Dich riß,

Mehr gilt er Dir als mein unsterblich Leben.
— Ist eines edeln Herzens Zeugniß dieß?

Und will die Kirche diesen Schritt? — die reine!
Verlanget mein und Dein Verderben sie?
Du folgest nicht der Wahrheit, nur dem Scheine.
Der Sieg der Unnatur verherrlicht nie.
Als Dich der Papst, verlassen, ohne Frieden,
Verirrt in unerlaubter Neigung, fand,
Da hat er weis' und väterlich entschieden,
Daß Du Dich rettest in der Unschuld Land.
— Dein Schicksal hat den andern Weg gefunden,
Es legte Dich in treuen Mutterarm,
Hat fleckenlos, für Recht und Pflichten warm,
Den festen Freund an Deinen Wink gebunden.
Die Weisheit nun, die Dein Gelübde gab,
Sie nimmt es gern und väterlich Dir ab,
Sobald Du willst. —

Ein Wort von Dir gesprochen,
So liegt der Fels, der jetzt uns trennt, zerbrochen.
O sprich es aus. — Nicht wende, Süße, Dich.
Ein einzig Ja; — gieb nur ein Zeichen. — Siehe
Zu Deinen Füßen, Heißgeliebte, mich.
Vernimm mein Flehn, — schau meine Thränen, fliehe
Nicht Deinen Heinrich. Laß ihm nicht die Wahl
Nur zwischen Tod und namenloser Qual.
Laß ihm den Himmel: denn nicht selig werden
Kann einer, der sein Loos verwünscht auf Erden."

In einem Strom von Thränen stockt sein Laut.
„O Heinrich! Heinrich!" — ruft die Himmelsbraut, —
Laß grausam nicht den dunkeln Vorhang steigen,

Um eine Welt voll Glanz und Lust,
An Deiner Hand, an Deiner Brust,
Von strenger Pflicht verboten, mir zu zeigen.
— Ach! schon empfind' ich mich vom Schwindel matt,
Dem Armen gleich, der sich verstiegen hat
In steilen Höh'n, — wenn er am Felsen zittert,
Und unter sich, tief, schwarz und grausenvoll,
Den Abgrund sieht, der ihn verschlingen soll,
Vom Grabeshauch der alten Nacht durchwittert.
— Was heut' geschieht, es muß geschehn. — Ich kann,
Ich darf nicht glücklich seyn, wenn jener Mann,
Der meine Schuld, der meine Schwüre theilet,
An Hoffnung arm im tiefsten Elend weilet.
Er hat gesündigt, doch verführt durch mich.
Zwingst Du das Reis am Feuer nicht zu brennen?
Den Templereiden unterwarf er sich,
Doch ohne noch die Leidenschaft zu kennen,
In früher Jugend, welche Klosternacht
Ihm finster, qual- und schreckensvoll gemacht,
(Denn Heimath, Eltern, hat er nie gesehen,)
Um einem Mönchsgelübde zu entgehen.
— Man sendet ihn auf eine neue Bahn.
Sein böser Stern entlodert durch mein Nahn.
Erst lock' ich ihn, und dann läßt er mich schwören,
Ihm nur allein auf Erden zu gehören.
Soll nichtig seyn was ich ihm schwur, weil ich
Noch nicht gewußt, welch' ein Beruf ihn scheide
Von meiner Hand, warum denn lösen sich,
Als ungeprüft, nicht seine Templereide? —
— Ihm bleibt sein Kreuz, — mir nur der Kirche Schoos.

Du sagst vielleicht: er sprach vom Eid mich los:

(Denn Reginald hat jenes Lied gesungen,
Das mir das Herz als Flammenpfeil durchdrungen:)
Doch darf ich nehmen, — nenn' ich würdig mein,
Was er verzweifelt hinwirft, an den Schwächen
In meiner Brust durch Großmuth sich zu rächen?
Mich zu verhöhnen, zu verachten? — Nein. —
Ihm steht nicht zu mit seiner Kraft zu prunken. —
Mag seine Schwachheit auch entschuldigt seyn,
Doch irrt ich nur, wenn er der Pflicht entsunken.
Muß er entsagen, muß besiegen sich,
Will ich entsagen, will besiegen mich.
Der Gegensatz bezeichnet unsre Stufen.
Er dient der Noth, ich fühle mich berufen.

Wenn endlich noch, — mich überläuft es kalt! —
Mehr als Dein Abbild wäre Reginald,
Wenn Wahrheit sich im Traum der Mutter spiegelt,
Und schwischen Euch die Sünderin, entweiht,
Den Zwiespalt trüge. —

Ha nichts mehr! —

Versiegelt
Sey jedes Thor dem gottverhaßten Streit.
Dem Sühnungsstrahl geb' ich mein Haupt zum Ziele.
Still scheid' ich aus. — Nun wird der Himmel klar.
Das Opferlamm umwirbelt im Asyle
Der Weihrauchduft vom lodernden Altar.
— Was kommen mag; dann werd' ich Euch, den Reinen,
Als ein Gestirn, für Jeden fern, erscheinen,
Ein Schmerz um mich wird Alle gleich vereinen,
Und Allen angehörend, kränk' ich Keinen.

Du hast vergeben Heinrich. — Reich als Pfand
Der Billigung mir brüderlich die Hand,
Dann will ich still die dunkle Bahn beschreiten,
Auf der mich Engel zu dem Licht geleiten."

Sein schwimmend Aug' zeigt den erweichten Sinn.
Still reicht er ihr die tapfre Rechte hin.
Lang weilen sie sich zärtlich anzuschauen,
In ihren Zügen Kummer und Vertrauen.
Dann sinkt, bezwungen von des Abschieds Schmerz,
Das zarte Kind dem Liebling an das Herz.
Nicht Mund an Mund, doch mit vereinten Wangen,
So halten lange sie sich fest umfangen,
— Bis eine Hand sie trennt. —

Die Gräfin steht
Erschüttert da. Kaum noch vernehmlich weht
Ihr bebend Wort: — „Des Altars Kerzen brennen.
Der Bischof harrt. — Ihr sollt euch, — müßt euch trennen.
Die Abbatissin kommt."

Wie vor dem Graus
Der Geisterwelt, und eilig wie Gedanken,
Mit Schritten, die, zu schwer belastet, schwanken,
Eilt Heinrich abwärts, und zum Saal hinaus.

II.

Ein Blumenduft durchzieht der Kirche Hallen,
Und Festesglanz entfunkelt dem Altar.
Die Frommen nahn. — Welch ehrerbietig Wallen! —
Im weiten Schiff vertheilet sich die Schaar.
— Kein Edler fehlt, den männliches Vertrauen
In wilder Zeit an Heinrichs Fahnen band.
Die Ritter sind in tiefem Ernst zu schauen,
Mit Gattinnen, und Töchtern an der Hand.
Von reizenden, und würdigen Gestalten
Ist, farbenvoll, das Gotteshaus belebt,
Und alle sind in einem Band gehalten,
Das Treue fest aus Liebesfäden webt.

Horch, — flüsternd weht durch allgemeines Schweigen
Leis hingehaucht der Frommen Andacht, bis
Die Glocke tönt, und durch der Lüfte Riß,
Gleich Riesenadlern, Orgeltöne steigen.

Durch das bekränzte mächtige Portal,
Mit Weihrauchduft und gelbem Kerzenstrahl,
Ziehn Priester ein in weißen Chorgewanden,
Gleich Friedensboten aus des Heiles Landen.
Und als sie sind vorüber Paar an Paar,
Folgt Fahnen haltend eine Knabenschaar,
Der Diacon, deß Hände zitternd tragen
Ein riesig Kreuz, aus Silber schwer geschlagen.
Der Bischof dann in gold'nen Mantels Pracht,
Mit Krumstab, Inful, Zeichen seiner Macht.

Vier Edelknechte seines Hofstaats heben
Den Purpurhimmel über ihm empor,
Gleich nach ihm schreiten Herrn aus seinem Chor,
Von hyacinthgefärbtem Stoff umgeben.
— Dann endlich wandelt an Mathildens Arm
Die herrliche Maria. — Stillen Harm
Im Angesicht. — Sie schlägt die Augen nieder,
Da jeder Blick sie suchet, und erreicht.
Ein weißer Sammt umwoget ihre Glieder,
Der goldbefranzt den Marmorboden streicht.
Ein Perlengürtel hält den Leib umfangen,
An ihren Armen leuchten Perlenspangen,
Auf ihrem Busen bebt ein Perlenschmuck.
Dem gold'nen Haar ward keiner Flechte Druck,
Frey sieht man es dem Myrthenkranz entwallen,
— Aus dessen dunkler Grüne, vielgespizt,
Ein Diadem aus edlen Steinen blizt, —
Und reich gelockt bis zu den Hüften fallen.

Als feyerlich sie schreitet durch die Reih'n,
Scheint jede Brust engeingepreßt zu seyn,
Da jeder Athemzug der Freunde zittert
Vor dem Moment, der jeglich Seyn verbittert.
— Tief seufzt der Mann, — weil alle diese Huld
Entzogen wird der Liebe Hochentzücken.
— Still weint die Frau: — dieß Muster von Geduld
Soll keinen Säugling an den Busen drücken.
— Dieß Mädchen greift entsezt sich an das Herz,
Als woll' ein Gott, im namenlosen Schmerz,
Ihm aus der Brust, der sehnsuchtsvollen, heißen,
Ein tief darin verwachsen Bildniß reißen.
Dem Grafen dann kehrt jedes Haupt sich zu,

Der, ganz erblaßt, in kalter Todesruh,
Als ob er nichts mehr sieht, nichts hört, nichts denket,
Sich auf die Brüstung seines Söllers senket.

Der Bischof steht vor dem Altar, Es kniet
Die Himmelsbraut an den geweihten Stufen.
Zum Donnerschlag erwächst der Orgel Rufen;
Der Pfeiler bebt, dem es vorüberzieht.
— Nun schweigt es ganz. — Still wird es, — grabesstill,
Als ob die Zeit ermattet rasten will,
— Dann läßt sich hoch von unsichtbaren Chören,
In des Gesanges mächtigem Erguß,
Das Weihelied des hohen Amtes hören:
„Veni Creator Spiritus!“
Und wie gehoben von dem Hauch der Lieder,
— Der, schwellend auf verbreitetem Gefieder,
Den Dom durchwallt, ergreifend, morgenklar,
Steigt dort ein Vorhang über dem Altar.
Durchs Gitter ist ein reicher Saal zu sehen,
In welchem, — geistig bey der Schleyer Wehen, —
Die Nonnen in dem Halbkreis betend knie'n
Um ihre Domina. — Gewölke ziehn
Des süßen Weihrauchdufts empor zu ihnen.
So bildet oft des frommen Künstlers Hand
Die Seligen, hoch an des Bildes Rand,
Wie lichthell sie dem Märtyrer erschienen.
— Der Meßner schellt, — die Lieder schweigen schon.
Der Bischof spricht im feyerlichen Ton.

„Du vor mir knieend, zarte Jungfrau, sage,
Was suchest Du vor Christi Weihaltar?
— Doch dieser Kranz, der Schmuck der Wonnetage,

Der Kranz der Braut, macht Deine Wünsche klar.
Wo weilt der Fürst der festlichen Gelage,
Der Bräutigam, der Dein Entzücken war?
Nicht täusch' ich mich, — er wandelt in den Räumen,
In die beglückt wir aus der Noth uns träumen."

„O zarte Magd, vor allen zu beneiden!
Der als ein Heiland allem Volke strahlt,
Will als Gemahl an Deinem Dienst sich weiden,
Den er mit Himmelsseligkeit bezahlt.
Du, hier so furchtsam kniend und bescheiden,
Scheinst doch ein Ost mit Rosen übermalt,
Denn Deines Gatten zärtliche Gewährung
Umleuchtet Dich mit himmlischer Verklärung."

„Der Gattin Pflicht ist, zu des Gatten Zwecken
Ihm herzliche Genossenschaft zu weihn.
So muß auch Dich jedweder Morgen wecken,
Dem Deinigen behülflich ganz zu seyn.
So weit die Bahnen sich der Schöpfung strecken,
Tritt Er als Mittler und Versöhner ein.
Du wirst dafür, durch Andacht sonder Gleichen,
Wie Du vermagst, denselben Zweck erreichen."

„Denn, — hochbegeistert muß ich es verkünden, —
Du hast Dir selbst aufs zarte Haupt gelegt,
— Du reines Lamm! — ein Maas von fremden Sünden,
Wie die verderbte Menschheit sie gehegt.
Du willst Dich selbst zur Opferflamme zünden,
Die nimmermehr der Weltlust Hauch bewegt,
Um vieler Tausend frevelhaftes Handeln
In schadenlose Schlacken zu verwandeln."

„So sey denn hier vor allem Volk gepriesen,
Und alles Volk, es beuge sich vor Dir,
Wiewohl Du selbst, — dem Himmel zugewiesen, —
Nicht achten darfst der Erdenehrfurcht Zier.
Doch wiß, die Stufen zu den Paradiesen
Sind öfters glutumströmte Martern hier.
Drum rüste Dich, ohn' von der Bahn zu gleiten,
Den schweren Kampf mit Deiner Brust zu streiten."

„Ich mahne Dich; jedwedes zarte Sehnen,
Selbst nach dem besten Irdischen, ist Schuld,
Muß streng gebüßet werden durch die Thränen,
Kasteiungen und Fasten, in Geduld.
Nichts mußt Du wünschen, denken, hoffen, wähnen,
Als nur das Kreuz und seine Gnadenhuld.
Zum Zeichen deß, daß Du dieß willst, verkünde,
Laut Dein Gelübd', daß Dich dem Herrn verbünde."

Der Bischof schließt, — Maria hebt sich, spricht
Mit festem Ton, und heißem Angesicht:
„Bey der Dreyfaltägkeit erhabnem Throne,
Bey Gott dem Vater, heil'gem Geist, und Sohne,
Der heil'gen Jungfrau, die den Herrn gebahr,
Bey der Apostel wohlbelehrter Schaar,
Bey den Erwählten und den Engeln,
Den Heiligen, befreyt von Erdenmängeln,
Den Märtyrern, — Propheten, — welche sahn
Des Heilands Wunder vor des Heilands Nahn,
Bey den von Gott geliebten Patriarchen,
— Gelob' ich hier, Maria, Enkelin
Der christlichen armenischen Monarchen,
Daß ich —"

Da stürzt es durch den Kreuzgang hin,
Mit raschem Tritt, der durch die Kirche dröhnet.
Ein grauer Pilger machet mit Gewalt
Sich Bahn durch's Volk, und donnert wild ein „Halt!"
Von dem Gewölb' und Halle wiedertönet.
— Und „Halt!" noch einmal rufet er von fern:
„Auf den Befehl des Papstes, uns'res Herrn,
„Deß hoher Blick auf diese That sich wendet,
„Und dieses Breve, — seht es, — durch mich sendet."

Ein Pergament hebt hoch er in der Hand.
Ein großes Siegel wird daran erkannt.
Rasch fährt er fort: —

„man soll nicht weiter gehen
Eh' man den Inhalt dieser Schrift gesehen.
Kam ich zu spät, war nutzlos Wunsch und Eil,
So stirbt mein zeitlich und mein ewig Heil."

Kaum endet er, so wirft ihn die Beschwerde
Der Müdigkeit, halb aufgelöst, zur Erde.
Das tiefste Schweigen herrschet durch den Raum, —
— Dann flüsterts hier, — dann rauscht es dort; — nun schallen
Erst Stimmen einzeln, — nun der Ruf von Allen:
— „Man les' den Brief. —"

Die Neugier hält sich kaum.
Dem Bischof eilet man den Brief zu bringen.
Indeß ihn der entlöset seinen Schlingen,
Entfaltet, prüfet, siehet man
Mit Forscherblick den Boten an.
— Soll man von Haar und Bart, die silbern fließen,
Auf seines Alters reife Fülle schließen,

So scheinet er ein abgelebter Greis.
Jedoch die Haltung seiner Glieder zeiget
Daß Jugendkraft er sorgsam zwar verschweiget,
Doch nicht geschickt sie zu verbergen weiß.

Ein jeder Blick mißt staunend ihn. — Es gehen
Mathildens Augen fragend zu dem Sohn.
Sie scheinen sich einander zu gestehen:
„Ganz recht, — wir kennen diesen Alten schon."
Nun winkt der Bischof um den Brief zu lesen.
— Man schweigt so tief, als erst man laut gewesen.

„Gregor der Neunte, Knecht der Knechte Gottes,
Den apostol'schen Segen im Voraus.
— Nicht darf Maria von Armenien
Den Klosterschwur, den sie gelobt hat, leisten,
Bevor sie nicht den feyerlichsten Eid
Auf Christi Sacrament geschworen hat,
Daß jede Liebe todt in ihrer Brust,
Die weltlich sie gehegt für einen Mann,
Und daß sie, wie das neugeborne Kind
So frey an Erdenneigung, in das Haus
Des Gottes tritt, dem sich ihr Wunsch vermählt.
Die Fürstin rede furchtlos: — was sie spricht,
Ihr schadet niemand zeitlich, ewiglich,
Sie schüzt das Hirtenamt des heil'gen Stuhls."

Der Bischof legt das Breve nieder, sendet
Durch seine Wimper Wetterleuchtens Glanz
Der Jungfrau zu, — dann hebt er die Monstranz,
Mit der er sich zu der Erstarrten wendet.

„So schwöre," — spricht er, — „auf dieß Sacrament,
Wie Deine Seele keinen Mann erkennt,
Der Deine Brust mit Erdenliebe füllet.
— Schwör diesen Eid, der alles Heil enthüllet."

Maria zittert, wanket, faßt sich, — spricht
Halb außer sich: — „ich kann ihn schwören nicht,
Nie wollt' ich mich, und nie die Welt betrügen.
Durch höchster Büßung ruhelosen Schmerz
Meint ich zu tödten mein erglühtes Herz.
Noch aber brennt es, — und ich darf nicht lügen."

Sie sinkt. — Der Pilger stürzt heran im Lauf.
Er fängt sie schnell in seinen Armen auf,
Und flüstert, freundlich in ihr Ohr: „verschwunden
Ist jede Noth, — hier ist ein leichter Kauf,
Mit Reginald bin ich zum Werk verbunden."
— Sie starrt ihn an, will los sich machen. — Er
Ruft kräftig aus: — „im Briefe steht noch mehr.
— Lest weiter nur. —

Und so geschichts.

„Im Falle
Daß nicht die Fürstin schwören kann den Eid,
Befehlen Wir, beym Banne, dessen Blitz
In Unsrer Hand, auf sie gerichtet, flammt,
Daß sie sofort den Sterblichen benennt,
Dem noch ihr Herz, wenn nicht ihr Wunsch, gehört."

Maria zuckt, als sey die Brust durchflogen
Von einem tödtlich treffenden Geschoß.
Vor ihren Blicken treiben wilde Wogen,
Die graue Luft mit Nebeln übergoß.

Der Bischof mahnt: — „kannst Du den Eid nicht schwören,
So laß uns gleich des Mannes Namen hören.“

Der Pilger flüstert: — „heißt er Reginald?“
Mit diesem Wort, zu deutlich nur vernommen,
Sind Klarheit, Kraft, und Muth zurückgekommen
Der schnell sich Hebenden, die mit Gewalt
Sich aus dem Arm des alten Manns befreyet,
Der nur zu prüfen sie verpflichtet ward,
Ihn zürnend mißt, und aus der Seele schreyet:
„Sein Namen ist Graf Heinrich von Blandart.“

„O Gott, — Maria! —“ ruft der Graf. Es sinket
Ihm an das Herz erschöpft die Bebende.
Sein Auge strahlt, sein Busen bebt: ihm winket
Das zu der Himmelslust Erhebende,
Den Vorhang oben hört man rauschend fallen,
Die Rührung unten aber ahnt das Wallen
Von einem andern Vorhang, welcher steigt,
Damit sich klar der Fügung Milde zeigt.
Mathilde kommt sich an den Sohn zu schließen.
Des alten Pilgers Flammenaugen schießen
Erst hell umher, bis, nach und nach geschwellt,
Ein Paar von Thränen in sein Lächeln fällt.
Er spricht zum Bischof: „Dieses Blatt noch wende,
Noch bist Du nicht, wohl aber bald am Ende.“
Der Fürst der Kirche fährt nun fort:

„Hat sie
Den Namen des Geliebten kund gethan,
Und ist zugegen Der, den sie genannt,
Wenn dieser Brief gelesen wird, so soll

Ohn' eines Augenblicks Verzug man ihn
Vermählen mit der Fürstin am Altare,
Den man geschmückt zur Nonne sie zu weihn."

Der Bischof küßt des Papstes Unterschrift.
Die, welche rettend seine Gnade trifft,
Sind überwältigt schon von ihrer Fülle.
Sie fragen nicht was weiter sich enthülle,
Ihr Leben ist im Stillstand. — Nur die Schaar
Der vielen Freunde rings hat Kraft und Willen.
Sie fördern die Verlobten zum Altar,
Sie reichen Ringe zur Vermählung dar:
Und also wird im andachtsvollen Stillen
Der junge Heinrich mit der schönen Braut,
Sie wissen selbst nicht deutlich wie, — getraut.
Mariens Ja, zu Heinrichs Ohr gekommen,
Ward nur gesagt, weil seines sie vernommen.
Sich ist sie nichts mehr, lebend nur durch Ihn.
— Lang liegen beyde sprachlos auf den Knie'n,
Nichts hell erfassend, scheinbar kaum belebet,
Bis sie die Mutter an den Busen hebet,
Bis Alle, — Alle die zugegen sind,
Mann, Gattin, Jungfrau, Greis und Kind,
Sie rings umwogen, stürmisch im Verlangen
Das holde Paar zu grüßen, zu umfangen.
Doch plötzlich fällt ein Licht in jeden Sinn.
— Wo kam der wunderbare Pilger hin?
Ihm werde Lohn und Dank, in dessen Eile
Das Mittel war zum allgemeinen Heile.
Sie schaun sich um, — er ist ein Greis nicht mehr.
Aus falschem Bart, gesunknen Mantels Falten,
Fängt, weiß geschmücket, roth bekreuzet, hehr,

Ein junger Temper an sich zu gestalten.
— „Ha! — Reginald!! —“

so ruft entsetzt die Braut.
Den ganzen Raum durchbebt ein Schreckenslaut,
Denn, als die Locken von der Stirn ihm wehen,
Da siehet man den Heinrich von Blandart,
Wie dort gespannt er auf die Lösung harrt,
Hier noch einmal als Doppelgänger stehen.
— Ist dieß Verblendung, arge Zauberey?
Als ob ein Geist entstiegen aus dem Grunde,
So macht das Grausen in dem Kreis die Runde.
Der Templer doch blickt ruhig, groß, und frey.
Graf Heinrich, den die Schrecken nicht erregen,
Tritt, hochgespannt, dem fremden Mann entgegen,
Der plötzlich ruft: — „mein letztes Heil verdirbt.
— O Bruder Heinrich unsre Mutter stirbt.“

Mathilde liegt in ihrer Tochter Armen
Bewußtlos da. — Des bangen Heinrichs Pflicht,
Die Thränenflut Mariens fruchten nicht.
Der Templer kniet zu Füßen ihr. — „Erbarmen,
Allmächtiger!“ — fleht er begeistert: — „hast
Du mich gesehn als Dulder meiner Last,
So mag sie nur auf meinen Ruf erwarmen.“
— Er schmeichelt: „Mutter! —“ — Ha! da lebt sie schon.
Sie fährt empor, — ruft wild: — „mein andrer Sohn,
Wo blieb er? —“

„„Sieh ihn hier zu Deinen Füßen,
Den armen, den verstoß'nen Reginald.
Er fasset Dich mit zärtlicher Gewalt,
Er will den Staub vor Dir in Ehrfurcht küssen.

Das Kreuz, das roth auf seiner Schulter brennt,
Raubt ihm den Mund, der ihn sein eigen nennt.
O nenn' ihn Dein, damit auf dieser Erde
Nach langer Qual er endlich selig werde.""

So fleht der Ritter, unter hellen Zähren
In einem Blick, — nein — solchen sah man nie! —
Sich ängstlich klammernd um der Mutter Knie,
Als wolle man dem Fremdling sie verwehren.

Sie stützet sich auf ihren Heinrich matt,
Sieht auf den Zweyten, welchen sie geboren,
Und heut durch Wunder erst gewonnen hat,
In bittrer Lust und süßem Schmerz verloren.

„Du bist es, den mein Vater mir entriß;" —
Spricht dann sie leis. — „Du liebst mich? — ja — gewiß!! —
Wohl ahnt ich stets der Allmacht Zwillingsgabe.
— Wie Du dem Bruder gleichest, armer Knabe! —
O Gott! — wie lieb' ich Dich! — Du weißt nicht, Kind,
Wie Mütter sorgen, wie sie zärtlich sind.
Mein ganzes Seyn schlägt glühend Dir entgegen.
Was freut Dich? — nützt Dir? — was?? —

Der Mutter Segen."

Sie neiget sich zu dem Geliebten hin,
Und läßt die Hand auf seine Scheitel sinken.
— Ein Wonnestrom durchwoget seinen Sinn.
Mit Augen, die wie Feuerzeichen blinken,
Mit ausgespannten Armen, wirft er sich
Weit, — weit zurück. — „Die Mutter segnet mich,"
— So jubelt er, — „Gott! — Dank! —" und stürzt, die Glieder
Zum Kreuze dehnend, auf das Antlitz nieder.

Man hört nur Seufzer, Schluchzen rings umher.
Doch Reginald springt auf, als ob ein Heer
Von Sarazenen zu dem Schlachtfeld schreite.
— „Fort!“ — stürmet er, — „nun Templer in die Weite.
Du hast gesiegt, und nahmest Deinen Lohn.
Dir ist verziehn. — Der Tempel funkelt schon.
— Der Beauseant *) weht an des Kidron Fluten.
— Damascus brennt. — Hinunter in die Gluten!
— Maria! — Heinrich! denkt des Bruders. — Er
Schloß Euern Bund, und liebt Euch, — o wie sehr!!
— Zu Roß! — Zu Schiff! — Zum heil'gen Grab! — zum Ruhme!
Durch Flamm' und Flut empor zum Märtyrthume!“

Man macht ihm Bahn, er eilt hinaus. Man sieht
Wie draußen er ein türkisch Roß besteiget,
Mit welchem sich ein Ordensknappe zeiget.
Noch schaut er um bevor er brausend flieht.
Des Knechtes Klepper kann ihn nicht erreichen.
Den weißen Mantel, der im Winde wallt,
Nimmt man noch wahr durchs helle Grün der Eichen.
Nun sieht man nichts mehr, nur der Hufschlag hallt,
Bis selbst die Klänge der Entfernung weichen.

Mathilde spricht: — „wohl faß' ich seinen Sinn.
Nicht bleiben durft er, — zieh' mit Gott er hin!
Ich weiß er lebt. — Er irrte, — doch errungen
Hat er den Sieg, weil er sich selbst bezwungen.
— Und wäre nun des Vaters Spruch erfüllt
In Räthselspiel und trübe Kunst gehüllt?

---

*) Beauseant, das große Ordenspanier der Tempelherrn.

— „„Eins ist der Schmerz, — Eins, Zwey sind Schmerz und Freude.““

Den Schmerz beschied er meinem Reginald,
Die Freude Dir, mein Heinrich; fühllos, kalt,
Zu Wahnes Werkzeug sich erlesend beyde.
— Soll ich ihm danken, und bedurft es sein?
Es lebt ein Gott zu segnen, und zu strafen.
Die Menschen schufen meine Qual allein,
Er gab die Segensstrahlen, die mich trafen.
Zwey Söhne hielt ich jetzt an meiner Brust,
Zwey Töchter wären meines Alters Lust,
Hätt' Klügeley, genährt in Finsternissen,
Den stillen Gang der Gnade nicht durchrissen.
— Doch keine Blüte meines Kranzes starb,
Und Gott verbessert, was der Mensch verdarb.
Maria! Heinrich! meine süßen Lieben!
Lebt Einer fern, — Ihr seyd mir nah' geblieben.

Allgütiger! — erhalte nur das Licht,
Nur die Vernunft dem menschlichen Geschlechte,
Ob hohe Noth dann mit Ergebung fechte,
Der Angelstern des Heiles wanket nicht.

Was kommen soll, es komm' in Deinem Namen.“

So betet sie der Gegenwart entrückt. —
Maria schmiegt an Heinrich sich entzückt,
Und Alle rufen tieferschüttert —

„Amen.“ —

Nachruf.

Verklungen ist das Lied vom Reginald.
Der Zauber weicht. Der Strahl des Mondes zittert
Durch hohe Fenster auf des Sängers Stirn.
Er ist allein im dämmerhellen Dome.
Der ferne Schritt der letzten Hörer, die
Von dannen ziehen, hallet schauerlich
Vom Kreuzgang her, und ihm erbangt das Herz.
— Er sieht den Raum nun im Verfalle, der,
Als er begann, ihm feyerlich gestrahlt,
Weil die Magie der Dichtung um sein Haupt
Die gold'ne Binde des Entzückens wand.
Er ahnt, wie bald der graue Säulenwald
Zusammenbricht, der Spitzgewölbe Wucht
Den Riesenstolz des Mauerwerks erdrückt.
— Er ahnt es, trocknet eine Thräne, geht. —
Und als er draußen in dem kühlen Hauche
Der Frühlingsnacht sich heimwärts wendet, schlägt
Ein Elfenfinger an der Thürme Glocken.
Sie läuten nicht, doch schwellet Ton auf Ton
Aus ihrem Erz, der fernen Brandung gleich.
Der Schäfer hörts, der in der Hürde wacht.
Er denkt an Geister, kreuzet Brust und Stirn.
— Der Sänger lächelt wehmuthsvoll.

„Was läßt,"

— So fraget er, — „die Gegenwart der Zukunft,
Das der Vergangenheit an Größe gleicht,

An liebeswerthem Reiz, an tiefem Sinn?
Man prahlt mit Glauben, weil der Glaube schwankt:
Man hofft vergebens, weil man haltlos hofft:
Von Liebe singt man, liebend nur sich selbst:
Baut Riesenschlösser, aber in der Luft,
Und klagt die Täuschungen des Lebens an
In Ueberschätzungen des eig'nen Werths."

Da werden jene Töne zum Geläut,
Das feyerlich die stille Luft durchzittert.
Aus jedem Klange redet eine Zunge.
-- „Verzage nicht: — in Deinem Busen gründe
Der großen Zukunft heiligen Beruf.
Ein Auge wacht, und schaut in alle Zeiten.
Sein ist die Welt, — die fromme Pflicht ist Dein!"

Erläuterung.

Der Verfasser beabsichtigte dem Reginald eine Reihe von Bemerkungen zuzugeben, welche eine nicht geringe Anzahl von Stellen des Textes erläutern, und theils historischen, theils allgemeinen Inhaltes seyn sollten. Ihn bestimmte hiezu das Beyspiel der neuern englischen Dichter, deren, mitunter sehr anziehende und lehrreiche, Noten gewöhnlich ein eigenes Werk ausmachen, oft so stark als der Text selbst, welchem sie gewidmet sind. Was soll aber dem Reginald, — der Ursache hat so bescheiden als möglich aufzutreten, — eine so vornehme prahlende Zugabe? Dem gelehrten Leser würde der Verfasser nichts Neues haben sagen können: ungelehrte Leser aber, — wo würden diese heute zu Tage zu finden seyn? Mag daher nur Weniges erörtert werden, welches sonst Manche dem Verfasser als Fehler in der Erfindung, oder als Beweis von Unkunde zur Last legen möchten.

Zunächst dürfte es abentheuerlich erscheinen, daß, im ersten Gesange des Reginald, der Alte vom Berge ein Christ werden will, und daß die Tempelherren es über sich nehmen, ihn, durch einen Gesandten, zu bekehren; nichts destoweniger ist diese Fabel in historischen Boden gepflanzt.

Die Assassinen,*) deren selbstgewähltes Oberhaupt (im Reginald Scheikh, wegen des leichtern Versbaues, genannt,) stets

*) Ueber diese wunderbare oder wunderliche Secte von Ismaeliten, geben die gelehrten Arbeiten des Herrn von Hammer dem Wißbegierigen eine wahrhafte Fundgrube, vorzüglich seine Geschichte der Assassinen.

die Benennung des **Alten vom Berge** führte, wohnten in der Periode der Kreuzzüge, auf den Gebirgen Antilibanon und Antaradus in Syrien. Eine furchtbare Rotte, über welche die Mährchen des Orients, und die Romantik des Abendlandes die seltsamsten Schauer verbreitet haben. Den Christen und den Moslemin gleich entsetzlich, kannten sie keine Pflicht als blinden Gehorsam gegen ihren Obern, keine Tugend, als die vermeinte der Selbstaufopferung um den Preis eines, mit sinnlicher Lust erfüllten, Paradieses, und keinen Beruf als den Mord. Die Welt vom Tigris bis an den Bosphorus bebte vor ihren Dolchen, die niemals ihre Opfer verfehlten, weil der Mörder sich aufgab. Gleich den Boten der Hölle traten diese Schwärmer nicht selten in die Palläste der Fürsten, um aus der Mitte von Hunderten den Gegenstand ihrer frevelhaften Absicht zu suchen, niederzustrecken, und sein Schicksal zu theilen. Es ist eine sehr geistreiche Andeutung neuerer Geschichtsforscher, — auch des Herrn von Raumer (Geschichte der Hohenstaufen, Theil I. pag. 497.) welche diese Verbrüderung der Assassinen der höhern, und ursprünglich sehr edeln der Tempelherren, gleichsam als Afterbild, gegenüberstellt. Diese Schwärmer befanden sich nicht minder in einem höchst seltsamen Verhältnisse zur Moschee und dem Kalifate, als, wenigstens späterhin, die Tempelherren zu Kirche und Staat. Anfangs nur rasende Gegner der sunitischen Kalifen zu Bagdad, und den schyitischen in Aegypten aus dem Hause der Fatimiden ergeben, hingen sie gläubig an Ali, dem einzig rechtmäßigen Nachfolger Mahomets nach den Grundsätzen der Schyiten, an ihrem Stifter Ismael, dem sechsten, in gerader Linie von Ali abstammenden Iman, und am Propheten selbst. Sehr bald scheint aber alle Religion, aller öffentliche Gottesdienst, alle Wissenschaft, dem Wahne einer darüber hinausgehenden, sinnbildlichen Erklärung des Koran Platz gemacht zu haben, und so standen die Assassinen zuletzt gleich feindlich dem gesammten Christenthume, und dem gesammten Islam gegenüber. Da nun aber einer solchen Stellung fester Anhalt auf jede Weise gebrach, so darf es nicht auffallen, wenn das Schwanken in derselben diese Fanatiker auch gelegentlich einmal dem Christenthume nahe gebracht. Um das Jahr 1172 ist dieses wirklich geschehen. Damals regierte Amalrich im Königreiche Jerusalem, und es begab sich, daß ein Gesandter vor dem Könige erschien von Behaeddowlet, dem Alten vom Berge, mit folgender Botschaft. „Wir sind überzeugt, daß die heiligen Bücher der Christen wahr sind, und besser als der Koran, weshalb wir die Taufe begehren, sofern uns der Zins erlassen wird, den wir seit Jahren mit 2000 Goldstücken an die Tempelherren zahlen müssen.“ Dem König gefiel dieses wohl: die Tempelherrn eiferten aber dagegen, als ob es Lug sey und Heucheley, ersonnen um des Zinses ledig zu werden. Der König versprach den Tempelherrn den Schaden zu ersetzen, ging ein in den Antrag, und der Gesandte zog zufrieden heim, dem Alten vom Berge gute Botschaft zu bringen. Er hat ihn jedoch nicht erreicht, denn, schon der Heimath nahe, ist er von dem einäugigen Tempelritter Walter von Maisnil aus einem Hinterhalte angefallen, und auf assassinische Weise ermordet. Der König Amalrich hat zwar Waltern zu Sidon in ein Gefängniß werfen lassen, da des Tempels Meister Odo von St. Amand dem Ritter keine andere Buße auflegte, als eine Pilgerschaft nach Rom, und hat dem Alten vom Berge seine Unschuld bewiesen. Die angefangenen Unterhandlungen blieben indessen abgebrochen, und zwischen Assassinen und Christen war der Haß größer als je. (Geschichte der Hohenstaufen von Friedrich von Raumer Theil II. pag. 358.)

Diese historische Begebenheit hat dem Reginald zum ersten Anlasse gedient, und der Verfasser baute sein Gedicht auf die Fiction, daß Reue der Tempelherren darüber, einmal die Bekehrung des Alten vom Berge durch einen Frevel vereitelt zu haben, nun, da der Zins der 2000 Goldstücke ohnedieß nicht mehr gezahlt wurde, sie bewogen habe, aus eigenem Antriebe die nämliche Absicht des Assassinenfürsten, bey einer wieder gekehrten günstigen Annäherung, zu fördern, und zu diesem Behufe an den Alten vom Berge eben so einen Gesandten, und zwar einen ihrer Brüder, abzufertigen, als der Scheikh einen der Seinen an König Amalrich gesendet. Dieser Gesandte der Tempelherrn ist Reginald, der eigentliche Held des Gedichtes, und der durch seine Leidenschaften vereitelte Versuch, den Alten vom Berge zu bekehren, ist, neben den früheren Begebenheiten seiner Eltern, gleichsam die Kette des Gewebes, welches in diesen Blättern vor dem Leser aufgerollt wird. Die Probe, welche der Alte vom Berge mit dem vorwitzigen jungen Tempelherrn anstellt, und welche der Inhalt der Ballade im ersten Gesange ausmacht, durch die der junge Heinrich in die eigentliche Handlung des Gedichtes hineingezogen wird, ist den Ueberlieferungen des Mittelalters nachgebildet. Man erinnere sich des sogenannten irdischen Paradieses der Assassinen, von welchem in vielen alten und neueren Büchern zu lesen ist. Der, übrigens wenig zugängliche, und den Blicken seiner Anhänger nur selten gewährte, Alte vom Berge soll nämlich gewissen Auserwählten, welche er zu wichtigen, mit Selbstaufopferung nur ausführbaren, Diensten bestimmte, dadurch eine Geringschätzung des irdischen Daseyns, und eine glühende Sehnsucht nach dem ewigen beigebracht haben, daß er sie, durch das berauschende Getränk aus Hanfsaamen (Haschischi), welches dieser Rotte eigen war, und wonach sie auf arabisch Gaschischim heißen, in einen tiefen Schlaf versenkte, um sie, während dessen, nach einem ganz abgelegenen, überaus anmuthigen, nur wenigen Eingeweihten bekannten, Thale bringen zu lassen, wo sie, umgeben von hundert Reizmitteln der Sinnlichkeit, erwachten, unter Musik, Wollust und Schwelgerey einige Tage verlebten, und dann, wieder durch Schlaftränke betäubt, nach ihrem gewöhnlichen Aufenthaltsorte zurückgebracht wurden. Beym Erwachen glaubten sie dann, und der Alte vom Berge steigerte den Glauben zur Ueberzeugung, schon bey lebendigem Leibe, gleichsam zum Vorschmacke künftiger ewiger Seligkeit, in Mahomets Paradiese gewesen zu seyn, und ihr Anführer ließ es an der Nutzanwendung nicht fehlen, indem er sie anwieß, auf Leben und Tod ihm blind zu gehorchen, weil sie damit am schnellsten den Zustand in ewiger Unwandelbarkeit wieder gewinnen würden, der sie so sehr entzückt, daß ihnen das gewöhnliche Daseyn, voll Arbeit, Entbehrung und strenger Zucht, kaum erträglich erscheinen müsse. Hiedurch erklärten die Geschichtsschreiber des Mittelalters vorzugsweise den Eifer, mit welchem die Assassinen sich auf den bloßen Wink ihres räthselhaften Gebieters, ohne anderen nahe liegenden Bewegungsgrund, als den der Pflicht blinden Gehorsams, in den gewissen Tod stürzten, wovon uns erstaunenswürdige Beyspiele aufbewahrt sind. Die Wahrheit eines solchen schauderhaften Betruges kann nicht behauptet, kann nicht unbedingt geläugnet werden. So viel steht durch die glaubwürdigsten Zeugnisse fest, daß der Alte vom Berge sehr künstliche Vorkehrungen besessen und angewendet habe, um seine Auserwählten auf kurze Zeit in den höchsten Sinnenrausch zu versetzen, damit durch die Erwartung der versprochenen Wiederkehr desselben, unbedingter Gehorsam erleichtert und befestigt werde.

So viel über diesen Gegenstand.

Im dritten Gesange ist die Beschreibung der Begebenheiten, welche der Schlacht von Curtenova vorangehen, nicht genau historisch, und auch die Schilderung der Schlacht selbst ist nicht durchaus treu. Der Verfasser bediente sich der Freiheit, das Geschichtliche, damit es für sein Gedicht brauchbar werde, im Geiste einer ghibellinischen Sage umzustalten, die indeß nicht vorhanden ist, von welcher er aber annimmt, daß sie den Kaiser und seine Partey so in Vortheil gesetzt haben würde, als er es zu thun sich erlaubt hat, wenn sie vorhanden wäre.

Endlich hat der Verfasser über die Namen Blandart und Odenwald Tadel erfahren. Blandart klingt allerdings etwas französisch, indeß man lese den Namen auf deutsche Weise wie er geschrieben steht, und glaube dem Verfasser, daß er Grund hatte gerade diesen Namen zu wählen. Einestheils bietet sich dieser Name sehr bequem für den Vers; sodann gehört er, mit einer kleinen Veränderung, wirklich einem adelichen Geschlechte, welches erst im vorigen Jahrhunderte ausgestorben ist, und seit früher Zeit in den Gegenden lebte, und Burgen besaß, welche zum Schauplatze des Regiald gewählt sind. In den Namen der alten adelichen Geschlechter des Elsaß, des Ober- und Niederrheines findet sich nicht selten schon ein französischer Klang, welcher an die Nachbarschaft eines fremden Sprachgebietes erinnert. — Kurd von Odenwald darf sich so gut nach einem Schlosse oder einem Dorfe benennen, als Friedrich von Büren, der Ahnherr der Hohenstaufen, nach einem Orte gleiches Namens in Schwaben; und daß es eine ganze Landschaft in Deutschland giebt, welche der Odenwald benannt ist, schließt nicht in einer anderen Gegend die Möglichkeit des gleichen Namens für eine einzelne Burg oder einen Flecken aus. — Der Name Odenwald fügte sich wohl zu Vers und Reim, — und — dem Verfasser ist kein anderer eben beygefallen.

Druckfehler.

(Die Verse und Zeilen sind von oben gezählt.)

Seite	18	Vers	1	statt erelle lies erellet
—	20	—	4	st. funkelnder l. funkelnden
—	25	—	4	st. Name l. Namen
—	33	—	25	st. freselnden l. frevelnden
—	59	—	9	st. Bode l. Bote
—	107	—	20	st. Lust l. Lust
—	156	—	29	st. betrübend l. begeistert
—	177	—	24	st. findet l. findend
—	187	—	3	st. rühmend l. rührend
—	189	—	6	st. wirbelt l. wirbelnd
—	219	—	1	st. Temper l. Templer
—	221	—	12	st. Flut l. Blut
—	228	—	17	st. Saschischim l. Haschischim

Kolibri 360 GmbH
Ferdinand-Jühlke-Straße 7
99095 Erfurt, Deutschland
produktsicherheit@kolibri360.de